兽医形态学实习指导

冯昕炜　主编

艾克拜尔·热合曼　李涛　参编

中国农业科学技术出版社

图书在版编目（CIP）数据

兽医形态学实习指导 / 冯昕炜主编 . — 北京：中国农业科学技术出版社，2021.7
ISBN 978-7-5116-5247-8

Ⅰ . ①兽… Ⅱ . ①冯… Ⅲ . ①兽医学—动物解剖学—教育实习 Ⅳ . ① S852.14-45

中国版本图书馆 CIP 数据核字（2021）第 049751 号

责任编辑 张国锋
责任校对 李向荣
责任印制 姜义伟 王思文

出 版 者 中国农业科学技术出版社
北京市中关村南大街 12 号 邮编：100081
电 话 （010）82106636（编辑室）（010）82109704（发行部）
（010）82109702（读者服务部）
传 真 （010）82106631
网 址 http://www.castp.cn
经 销 者 各地新华书店
印 刷 者 北京建宏印刷有限公司
开 本 787mm × 1 092mm 1 /16
印 张 8
字 数 130 千字
版 次 2021 年 7 月第 1 版 2021 年 7 月第 1 次印刷
定 价 30.00 元

前 言

实践教学是培养动物生产类人才的一个重要措施，也是当前教学中亟待加强的环节。兽医形态学包括动物解剖学和动物组织胚胎学两部分内容，实习在教学中比重较大。

本书的第一部分是大体解剖学实习。在实习过程中，学生要接触大量的标本、模型、活体以及新鲜的和固定的家畜尸体，通过教师示教、学生独立观察和解剖，熟悉并掌握家畜机体各系统、各器官的位置、形态和构造。为巩固学习内容，锻炼动手能力，提高实习质量，解剖学实习部分共编入121幅实习图（均引自杨银凤等，2019)，可供学生实习时在观察标本的基础上，对照实物进行填注，以达到加深印象，巩固所学内容，逐渐提高识图能力的目的。为了调动学生的学习兴趣，本书对每一幅图都制作了二维码，学生填完图之后，只要用手机扫描二维码，就能看到实习图的正确答案，以便及时发现问题，解决问题。

第二部分详细介绍了血涂片、脊髓涂片、石蜡切片、冰冻切片等常用的制片技术，包括仪器的基本原理和构造、使用方法、操作要点，注意事项等，强调操作的规范性。

本书的出版得到了塔里木大学“特色品牌专业项目（动物医学)，编号220101501”的资助。

由于编者水平有限，时间仓促，书中难免存在不足之处，请读者批评指正。

编 者

2020年11月

目录
CONTENTS

兽医形态学实习概述

一、实习目的

兽医形态学实习包括动物解剖学和动物组织胚胎学两门课程的实践教学。动物解剖学和动物组织胚胎学是论述正常动物体形态结构及其功能关系、个体发生和发育规律的科学，它是动物医学专业的必修专业基础课，实习在教学中占有较大比例。通过实习能够培养学生的观察能力、理论联系实际的能力及实际动手操作能力，使学生在实习过程中逐步养成严谨的治学态度和工作作风，为专业课程学习打下坚实的基础。

二、实习任务

一是要求实习指导教师对实习内容和实习目标进行全面系统的讲授。实习教学以学时为单元，每个单元要有明确的实习内容和任务。

二是实习前，实习指导教师和实验员必须认真准备；实习过程中认真辅导学生；实习后及时填写实习日志和批改评阅实习报告。

三是实习前，学生要温习相关的理论知识、认真预习实习指导书；实习过程中要严格遵守实验室的规则，严格按照实习指导教师的要求认真、细致地进行实习；实习过程中，要求学生在每个实习单元结束后以小组为单位汇报该单元的实习内容；实习后要按规定摆放好使用过的仪器、药品和相关实习材料；整个实习结束后，学生按要求完成并及时上交实习报告。

三、实习考核方法

实习考核由解剖操作和器官识别讲解、切片制作和观察、撰写实习报告三部分组成。

1. 大体解剖学考核标准。

（1）正确使用解剖器械（20%）。

（2）能认真观察、触摸、解剖动物机体，对动物机体各器官的正常形态、构造、色泽、位置及毗邻相互关系有准确认知（60%）。

（3）独立操作，完成整个实习程序（20%）。

2. 切片考核标准。

（1）学生切片制作成功数量（20%）。

（2）学生切片制作质量（30%）。

（3）学生对所做组织切片的鉴别（30%）。

（4）独立完成整个实习程序（20%）。

3. 实习报告考核标准。

（1）独立撰写实习报告（20%）。

（2）单元实习小结表达清楚，认真思考，分析每个实习环节的原理和注意事项（20%）。

（3）实习成功或失败的原因分析合理（30%）。

（4）实习心得体会（30%）。

实习总成绩：大体解剖学占50%；切片制作占50%。

第一部分　大体解剖学实习

一、实习目的与要求

1. 掌握动物有机体各器官的正常位置、形态、构造及毗邻关系。
2. 掌握常用解剖器械的使用方法。

二、实习重点和难点

1. 重点。动物的活体观察、体表触摸以及新鲜动物尸体（鸡/鸭、羊）的解剖实践操作。
2. 难点。健康动物有机体各器官的正常位置、形态和构造。

三、实习器械

每组一套器械，包括手术盘（1个）、手术刀柄（2把）、手术刀片（1包）、镊子（2把）、骨钳（1把）、止血钳（4把）、乳胶手套（每人1副）、口罩（每人1个）、解剖刀（1把）、锯子、线绳等。

手术刀片的安装：戴好乳胶手套，左手持手术刀柄，右手用止血钳持刀片非刀刃侧，将刀片上的长方形孔对准刀柄上端的凹槽，由上向下推，嵌牢即可。

实习一　全身骨架、躯干骨及其连结

一、目的要求

1. 掌握椎骨的一般构造特点。

2. 掌握牛、马、猪各段椎骨的数目及特征。

3. 了解胸骨、肋的特征及胸廓的构造。

二、材　料

1. 牛、马、猪、羊全身骨架。

2. 零散的躯干骨。

三、内容与方法

1. 先以牛为对象观察下列内容。

（1）在整体骨架上联系动物机体各部位，熟悉全身各部骨的名称。注意辨别各段椎骨的自然方位（脊柱形成头颈、颈背、背腰3个弯曲）、主要特征及其数目。

（2）观察胸椎，掌握典型椎骨的各组成部分：椎体（椎头、椎窝）、椎弓（关节前突、关节后突）和突起（棘突、横突、关节突）。

（3）联系躯干各部的功能，观察比较机体各部椎骨的异同点：颈椎（寰椎、枢椎、第3、第4、第5、第6、第7颈椎）、胸椎、腰椎、荐骨和尾椎。比较胸椎、腰椎、荐骨和尾椎。并辨认寰椎翼、翼孔、横突孔、鞍状关节面、髁状关节面、齿状突、横突等骨性标志。

（4）在整体骨架上，观察椎体间连结和椎弓间连结。注意椎间盘、寰枕关节和寰枢关节。在骨架或模型上观察棘上韧带（包括项韧带）、背侧纵韧带、腹侧纵韧带。

（5）比较观察牛、马、猪胸骨形状及胸骨片数目，胸廓（胸椎、肋骨、胸骨）。

（6）观察胸廓的连结：肋椎关节（肋头关节、肋横突关节）和肋胸关节。

2. 结合观察，比较牛、马、猪、羊躯干骨的数目和形态构造特点。

四、注意事项

1. 爱护标本，轻拿轻放，避免碰断或掉在地上摔坏标本。

2. 观察完毕，及时将标本放回原位。

五、思考题

1. 脊柱由哪几部分组成？如何连结？

2. 说明胸廓的功能、组成及连结。

3. 比较牛、马、猪、羊躯干骨各部的数目和主要特点。

六、作　业

1. 填图。

2. 扫描二维码，核对正误。

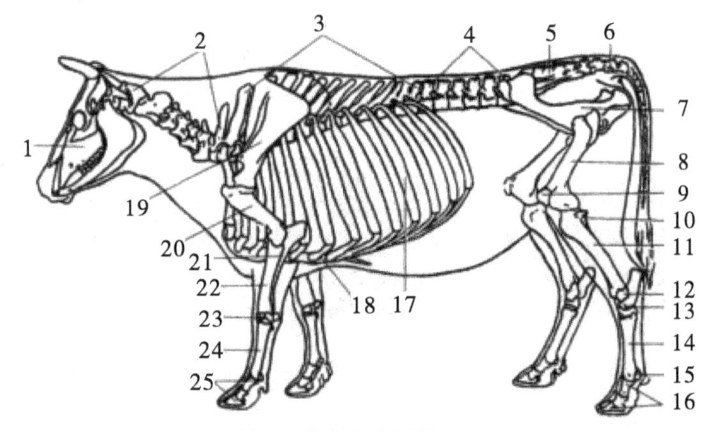

图 1　牛的全身骨骼

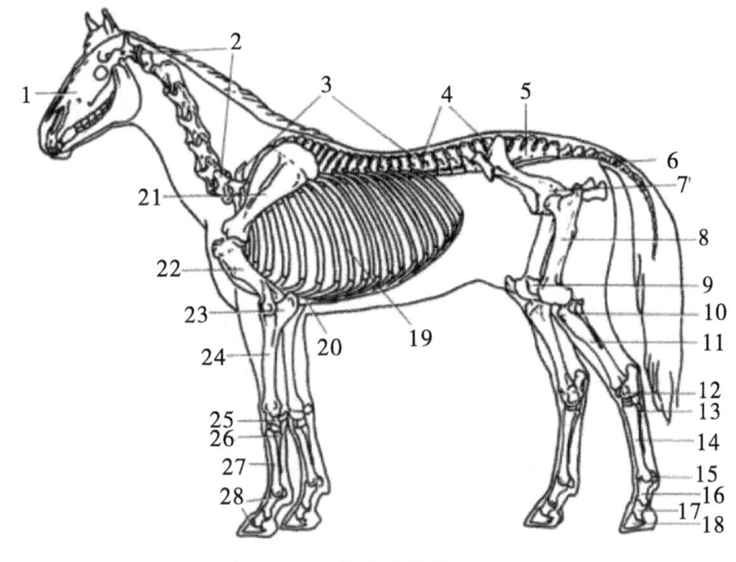

图 2　马的全身骨骼

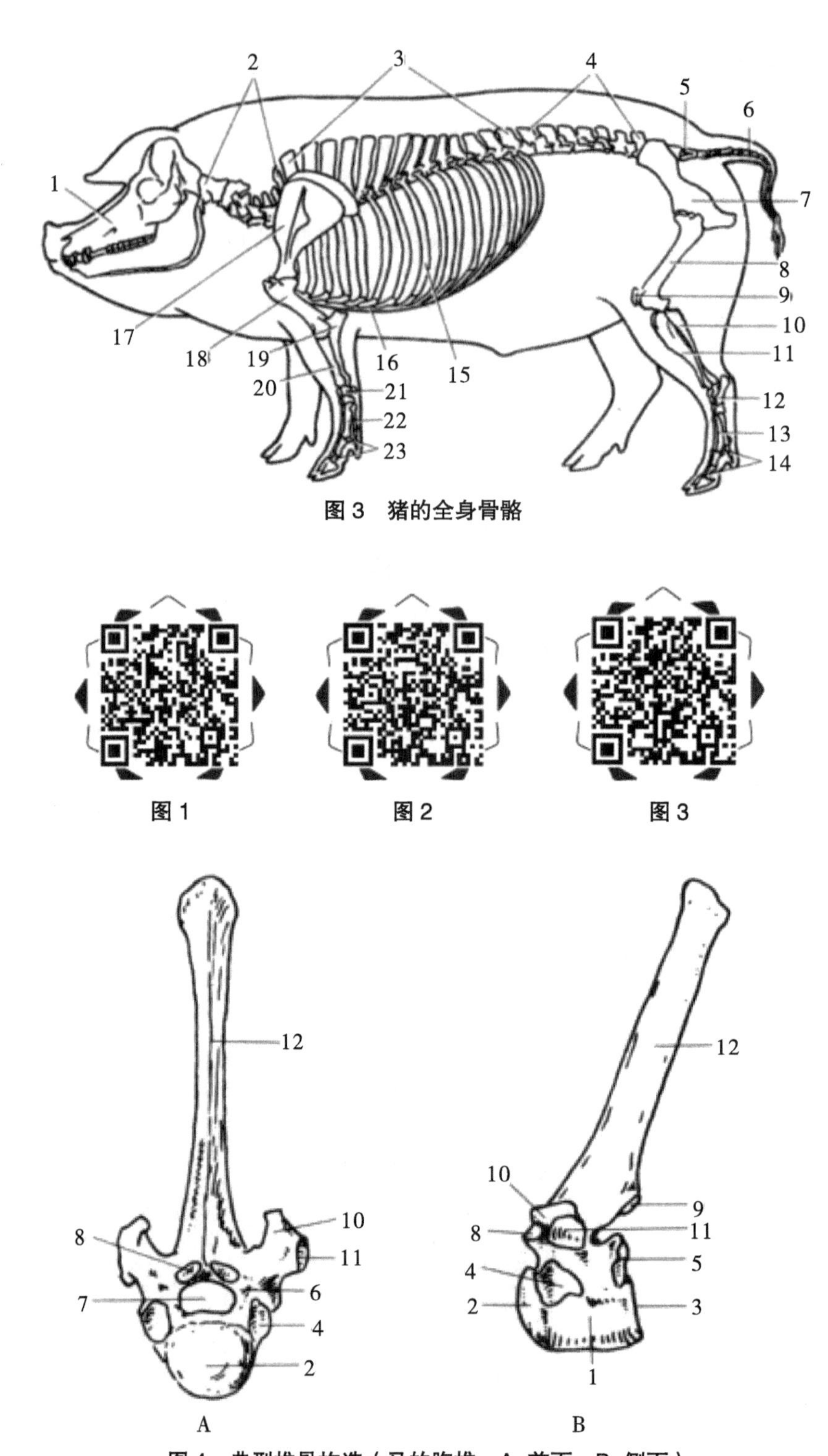

图 4　典型椎骨构造（马的胸椎，A. 前面　B. 侧面）

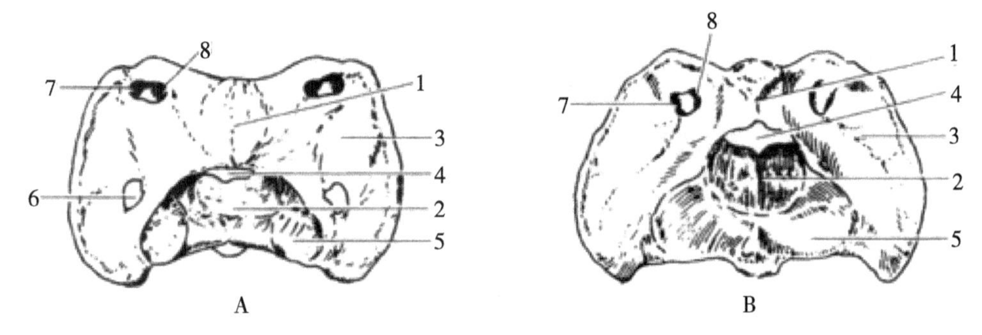

图 5　寰椎（颈椎第一节，A. 马的寰椎；B. 牛的寰椎）

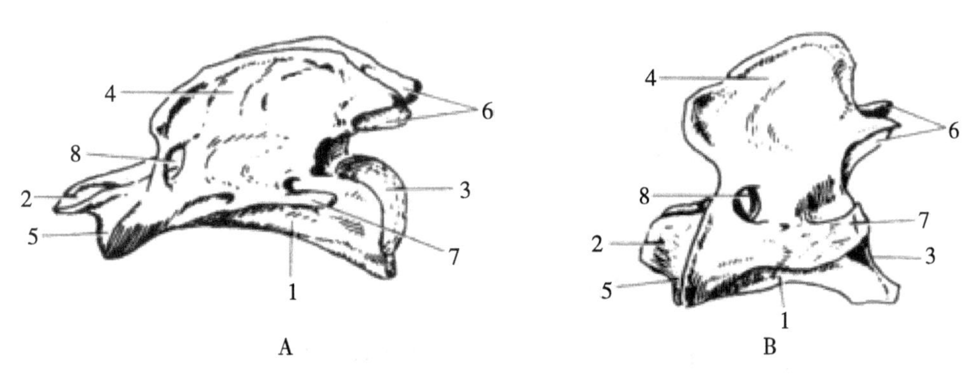

图 6　枢椎（颈椎第二节，A. 马的枢椎；B. 牛的枢椎）

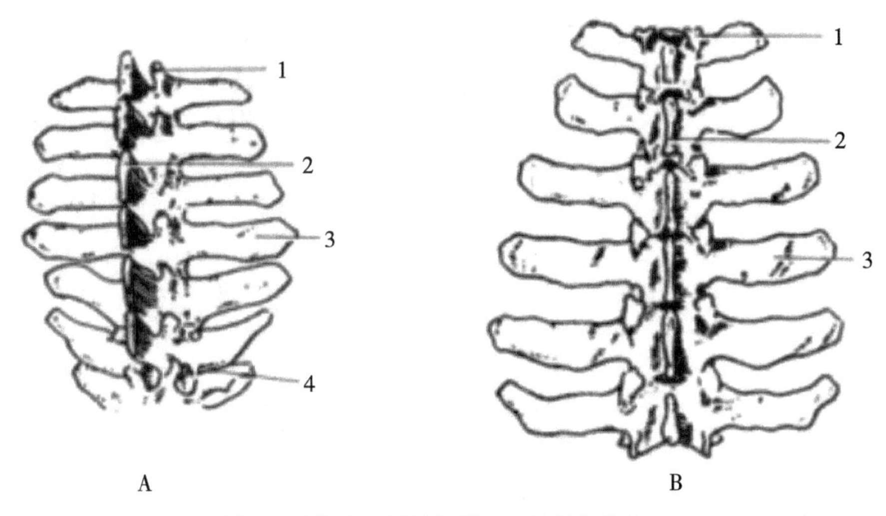

图 7　腰椎（A. 马的腰椎；B. 牛的腰椎）

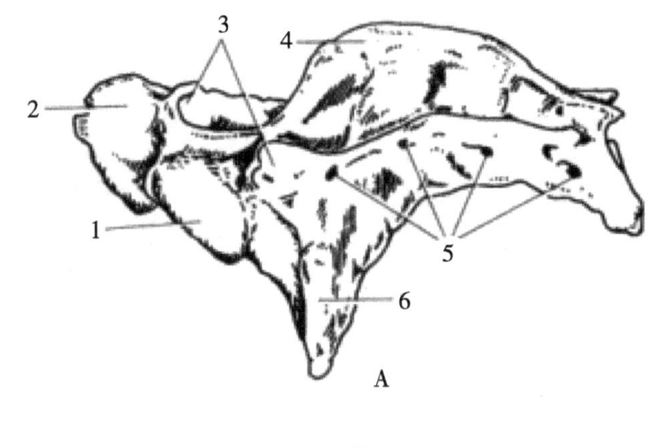

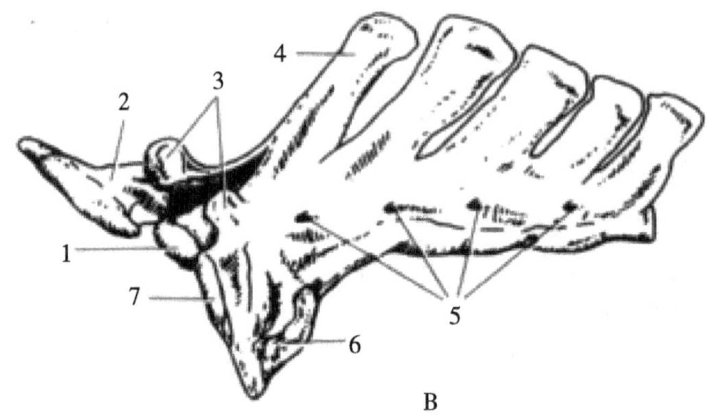

图 8　荐骨（A. 牛的荐骨；B. 马的荐骨）

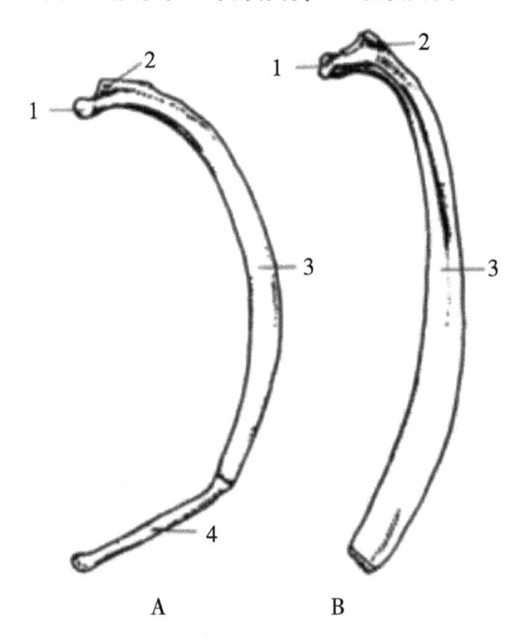

图 9　肋骨（A. 马的第八肋内面；B. 牛的第八肋内面）

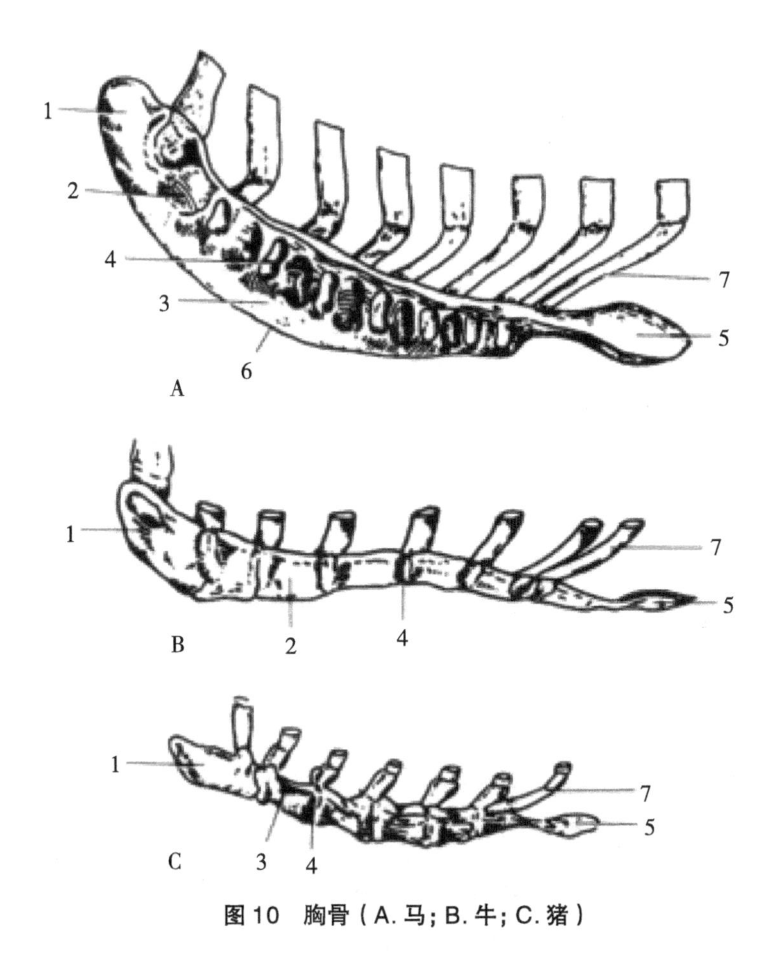

图 10　胸骨（A. 马；B. 牛；C. 猪）

图 4　图 5　图 6　图 7

图 8　图 9　图 10

实习二　头骨及其连结

一、目的要求

1. 掌握构成颅腔、鼻腔、口腔和眼眶的头骨名称。

2. 掌握各种家畜头骨的主要特征及主要骨性标志。

3. 了解副鼻窦的位置及体表投影。

二、材　料

1. 牛、马、猪、羊头骨。

2. 头骨纵断、横断标本。

3. 牛下颌关节标本。

三、内容与方法

1. 先观察马的头骨标本。马头骨呈长椎体状，比较规整，具有代表性。

（1）识别头骨大体的形态特点，区分颅骨和面骨。

（2）颅骨：在完整的头骨标本上识别构成颅腔后壁的枕骨，顶壁的顶骨、顶间骨、额骨，两侧壁的颞骨，从颅腔的腹侧观察构成颅腔底壁及部分侧壁的蝶骨。在头骨纵断标本上识别构成颅腔前壁的筛骨。

（3）面骨：识别观察鼻骨、上颌骨、腭骨、翼骨、犁骨、鼻甲骨等参与围成鼻腔支架的骨，识别下颌骨和舌骨等围成口腔支架的骨，识别泪骨、颧骨等围成眼眶的骨。

（4）鼻旁窦：观察上颌窦、额窦和腭窦的位置。

2. 联系不同家畜的生活方式，比较马、牛、猪、羊头骨的主要特征。

3. 观察头骨的连结。

（1）观察头骨间的不动连结：直缝、锯状缝、鳞缝。

（2）观察颞下颌关节的组成及运动形式。

四、注意事项

1. 爱护标本，轻拿轻放。
2. 保持标本整洁。
3. 观察完毕，及时将标本放回原处。

五、思考题

1. 指出构成颅腔各骨的名称和位置。
2. 指出构成骨质鼻腔、口腔、眼眶各骨的名称和位置。
3. 指出上颌窦和额窦的体表投影。
4. 马鼻腔感染时，为何会引起副鼻窦炎?

六、作　业

1. 填图。
2. 扫描二维码，核对正误。

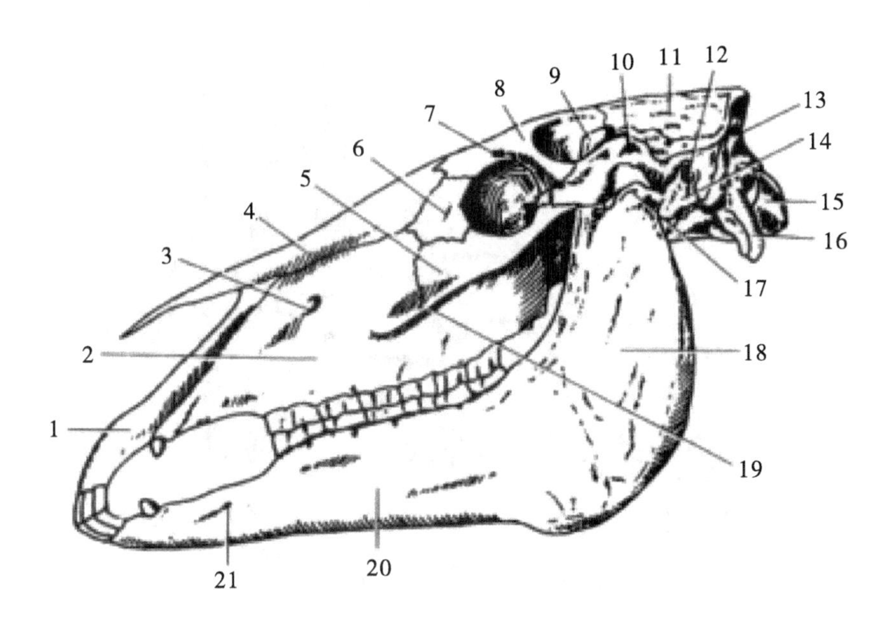

图 1　马头骨侧面

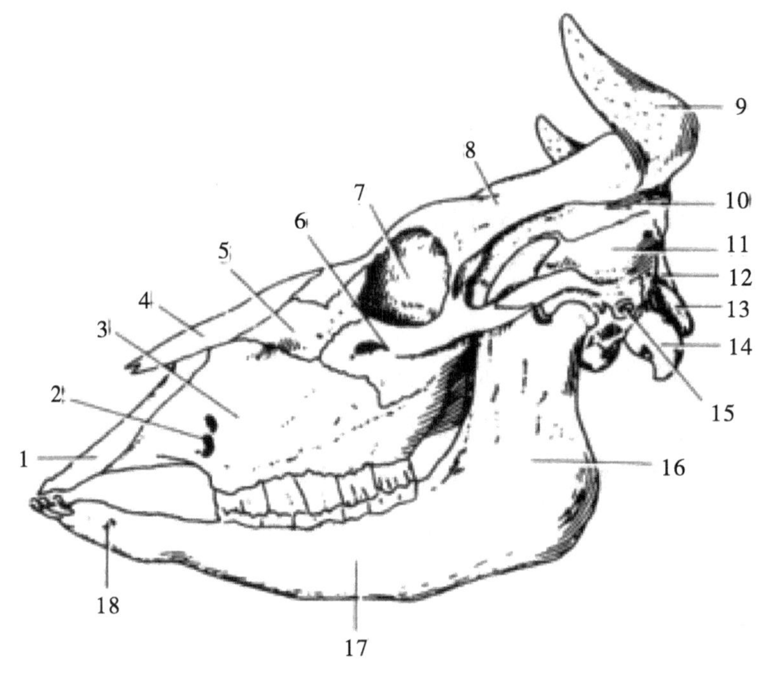

图 2 牛头骨侧面

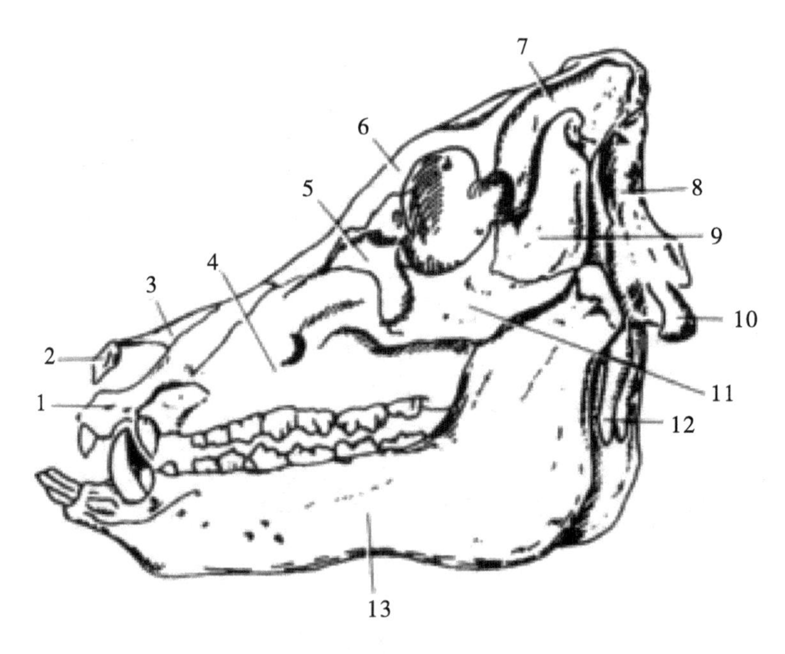

图 3 猪头骨侧面

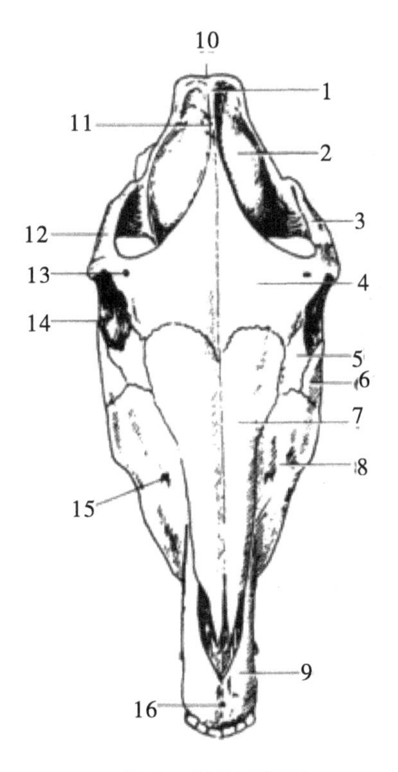

图4　马头骨背面

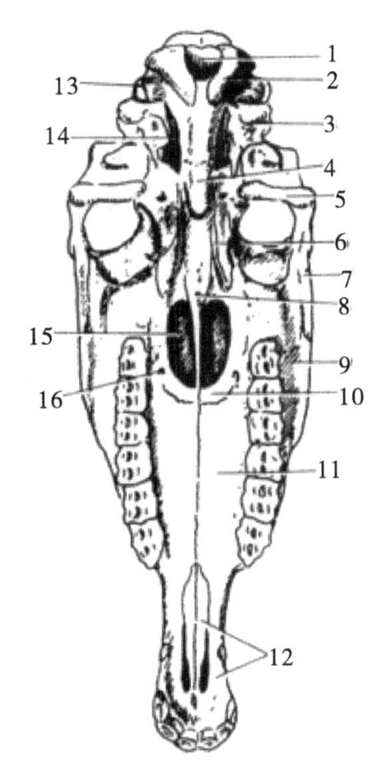

图5　马头骨底面

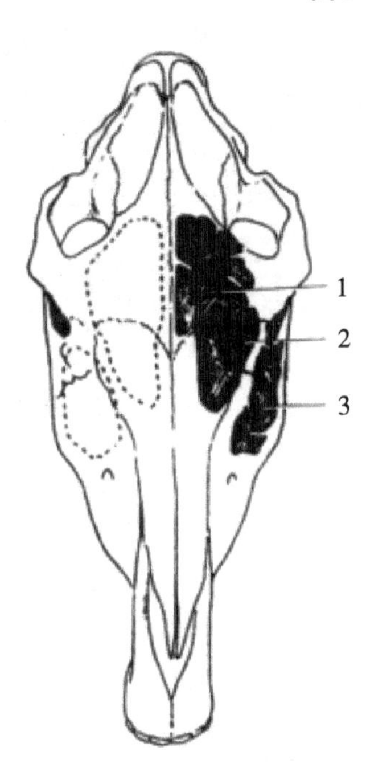

图6　马额窦和上颌窦

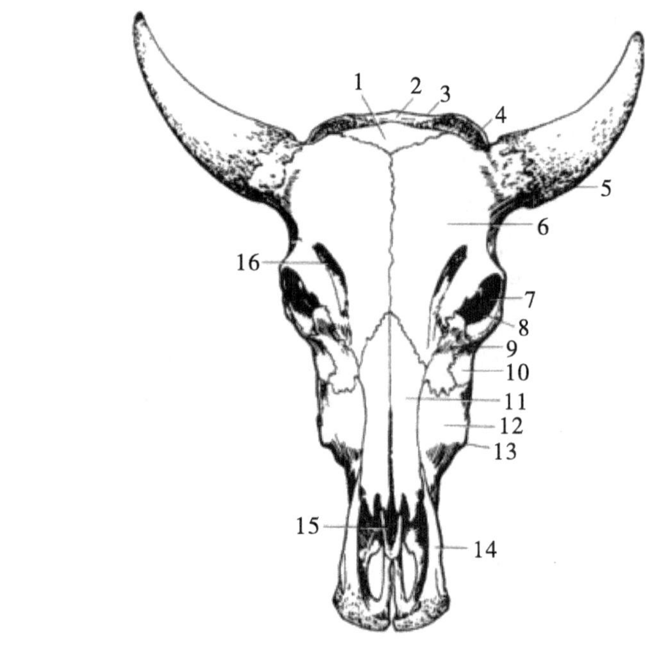

图 7　水牛头骨正面

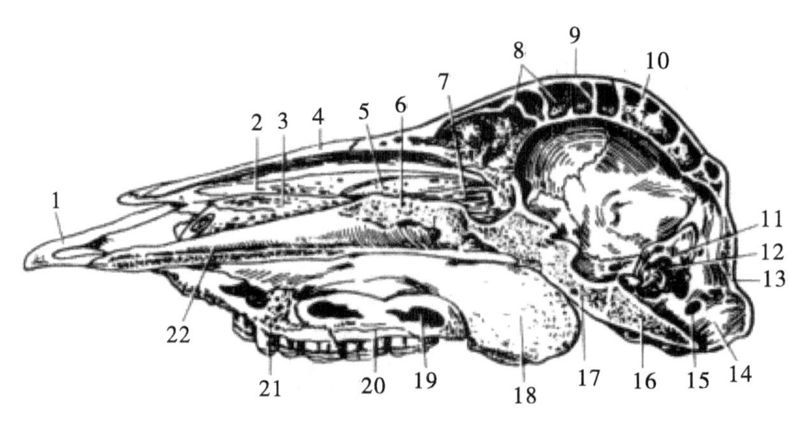

图 8　水牛头骨正中矢面

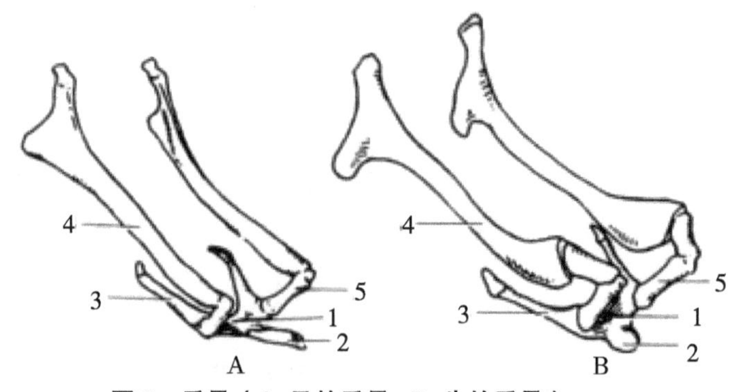

图 9　舌骨（A. 马的舌骨；B. 牛的舌骨）

实习三　前肢骨及其连结

一、目的要求

1. 掌握前肢骨的组成、位置和形态特点。

2. 熟悉前肢各关节的组成、关节角的方向及构造特点。

3. 比较不同动物前肢骨的特点。

二、材　料

1. 牛或马全身骨架。

2. 连结的牛前肢骨。

3. 零散的牛前肢骨。

4. 马、猪、羊连结的前肢骨或全身骨架。

三、内容与方法

1. 在连结的牛或马的全身骨架上观察前肢骨及关节。前肢骨自上而下依次为肩胛骨、肱骨（臂骨）、前臂骨（桡骨和尺骨）、前脚骨（腕骨、掌骨和指骨），注意各骨的自然位置。前肢关节自上而下依次为肩关节、肘关节、腕关节和指关节，注意各关节的组成、关节角度及关节角顶方向。

2. 依次观察牛或马组成前肢各骨的形态，特点（近端、骨体、远端）以及其形成关节的特征，注意观察关节面、关节囊、韧带，分析其运动形式。

3. 比较马、牛、猪前肢各骨的形态特点，着重比较前脚部骨骼的数目、排列及前肢指关节的构造特点。

四、注意事项

1. 爱护标本，避免摔坏标本。
2. 不能将标本带出实验室。
3. 观察完毕，及时将标本放回原处。

五、思考题

1. 说明牛前肢骨的组成。
2. 说明前肢各关节的组成和关节角方向。
3. 试比较马、牛、猪的前脚骨。
4. 简述牛或马前肢各骨的主要骨性标志。

六、作　业

1. 填图。
2. 扫描二维码，核对正误。

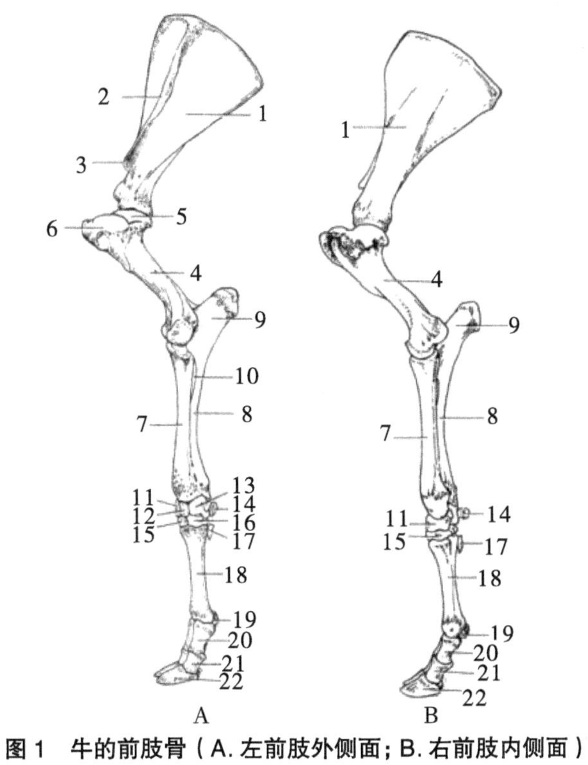

图 1　牛的前肢骨（A. 左前肢外侧面；B. 右前肢内侧面）

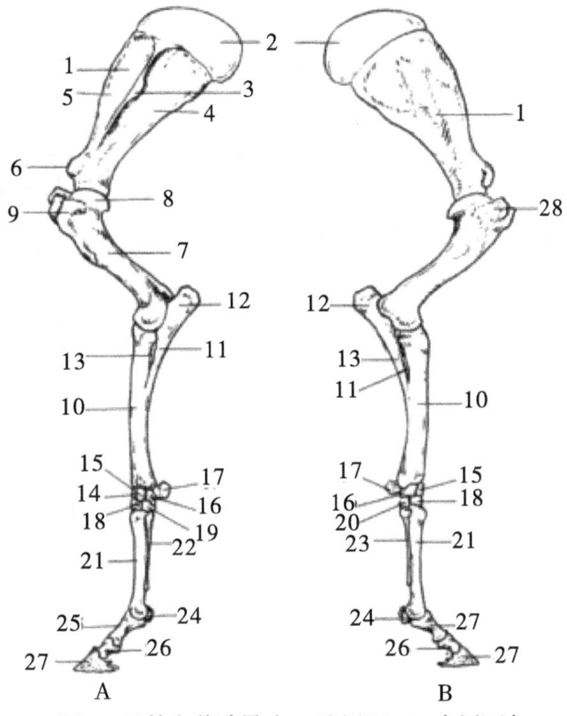

图 2　马的左前肢骨（A. 外侧面；B. 内侧面）

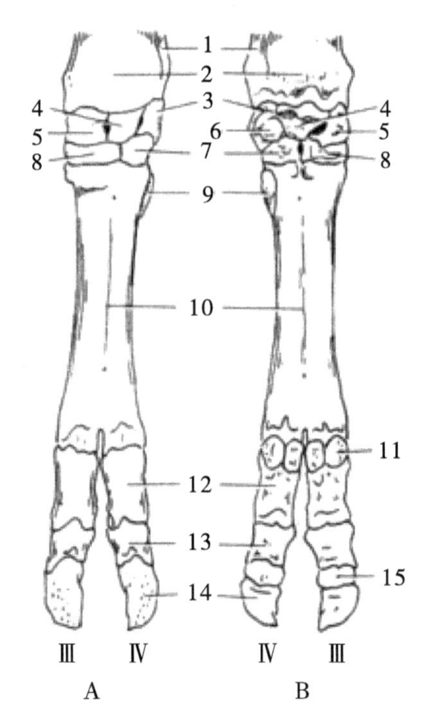

图 3　牛的前脚骨（A. 背侧面；B. 掌侧面）

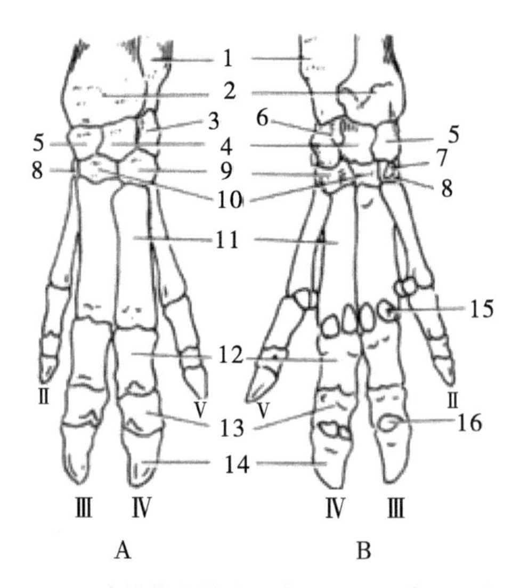

图 4　猪的前脚骨（A. 背侧面；B. 掌侧面）

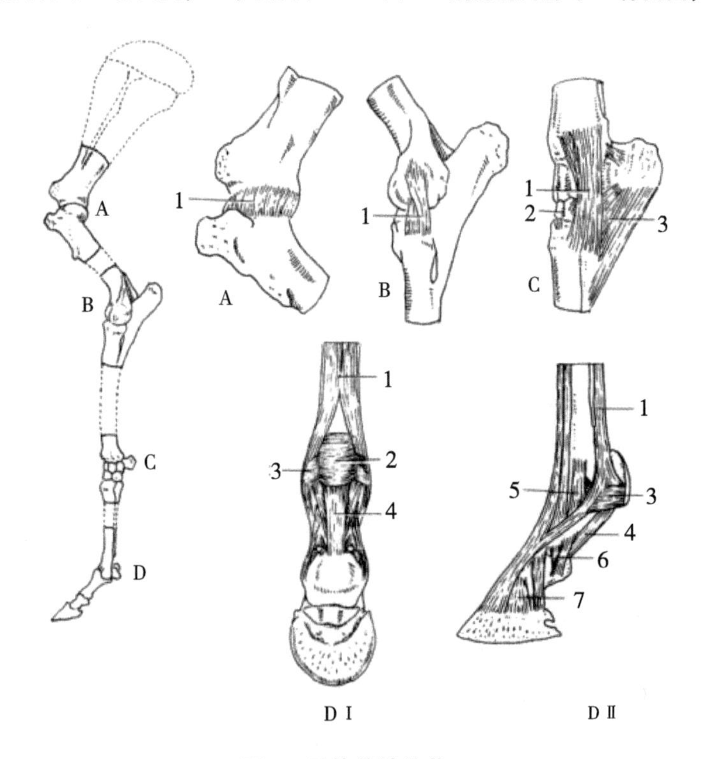

图 5　马的前肢关节

实习四　后肢骨及其连结

一、目的要求

1. 掌握后肢骨的组成、位置和形态特点。
2. 熟悉后肢各关节的组成、关节角的方向及构造特点。
3. 比较不同动物后肢骨的特点。

二、材　料

1. 牛、马、猪、羊全身骨架。
2. 连结的和零散的牛（或马）、猪的后肢骨及骨盆标本。
3. 牛或马后肢关节标本。

三、内容与方法

1. 在连结的牛（或马）后肢骨架上依次识别：髋骨（髂骨、坐骨、耻骨）、股骨、膝盖骨、小腿骨（胫骨和腓骨）、跗骨、跖骨和趾骨，注意各骨的自然位置。后肢的关节依次为荐髂关节、髋关节、膝关节、跗关节和趾关节，注意各关节的组成、关节角度和方向。

2. 依次观察牛（或马）后肢各骨的形态特点（近端、骨体和远端）以及其形成关节的特征，注意观察关节面、关节囊、韧带，分析其运动形式。

3. 比较马（或牛）、猪、羊后肢各骨及骨盆的特征，着重比较后脚部骨骼的数目和排列。

4. 比较马（或牛）后肢各关节的构造特点。

四、注意事项

1. 爱护标本，避免摔坏标本。

2. 不能将标本带出实验室。

3. 观察完毕，及时将标本放回原处。

五、思考题

1. 说明牛后肢骨的组成及主要骨性标志。

2. 试述关节的结构和关节的类型。

3. 说明后肢荐髂关节、髋关节、膝关节、跗关节和趾关节的组成、方向及构造特点。

4. 试比较马、牛、猪后脚部骨骼的特点。

六、作　业

1. 填图。

2. 扫描二维码，核对正误。

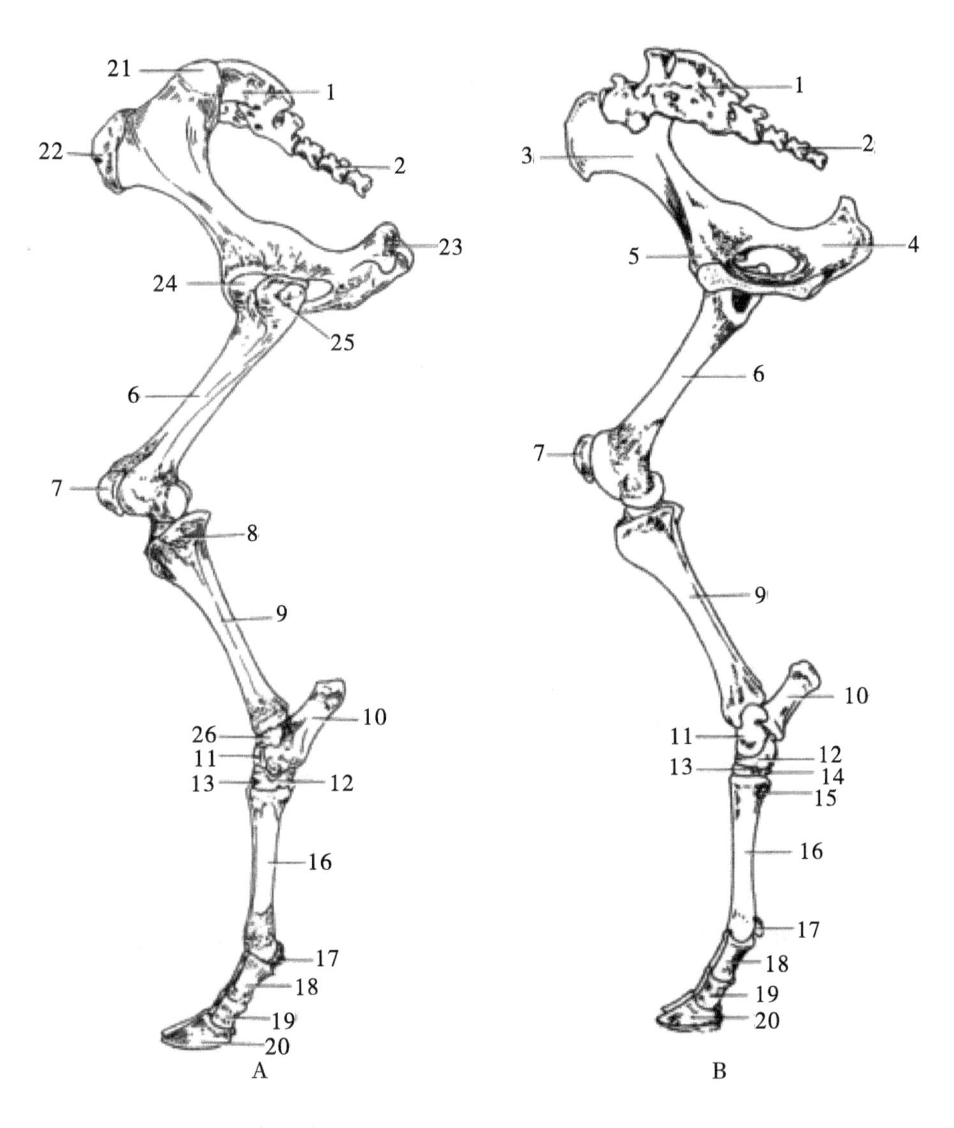

图 1　水牛的后肢骨（A. 左后肢外侧面；B. 右后肢内侧面）

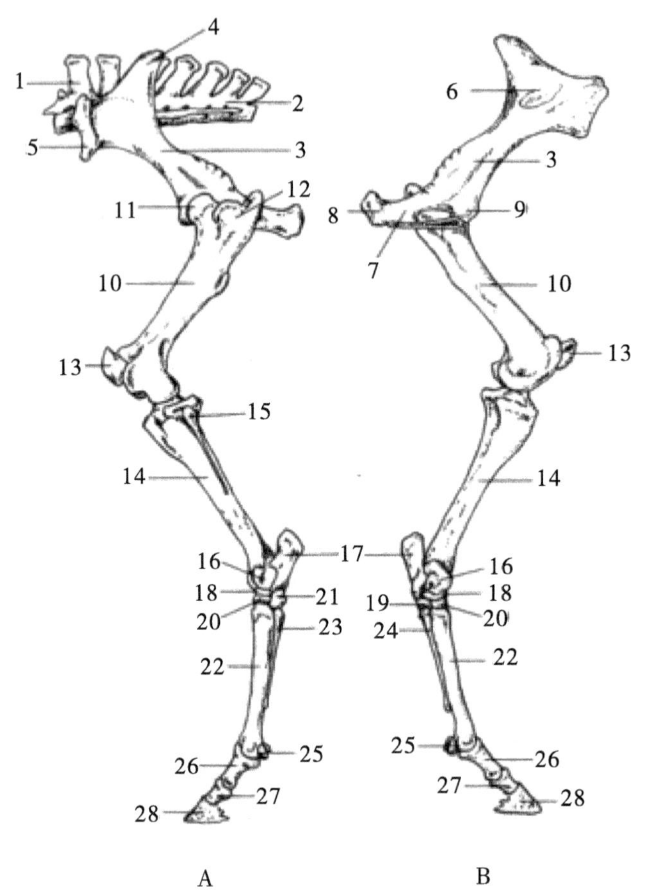

图 2　马的左后肢骨（A. 外侧面；B. 内侧面）

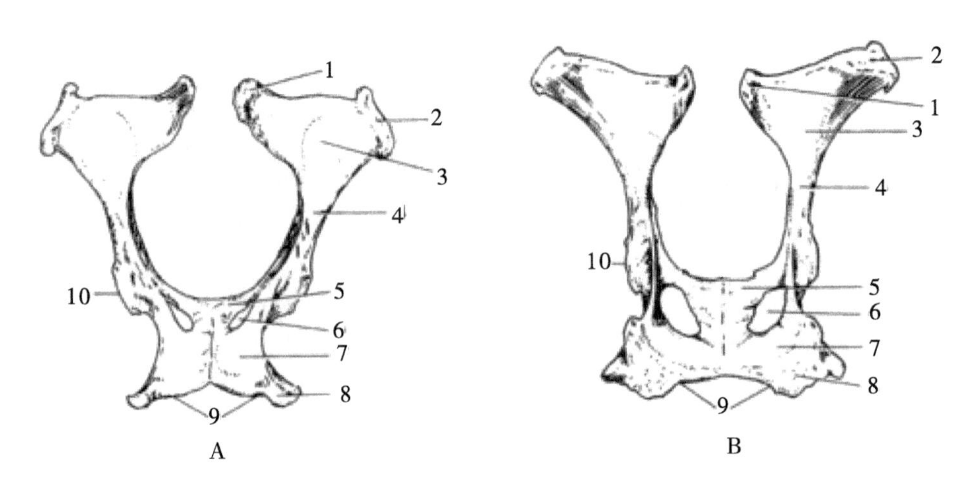

图 3　髋骨的背侧面（A. 马的髋骨；B. 牛的髋骨）

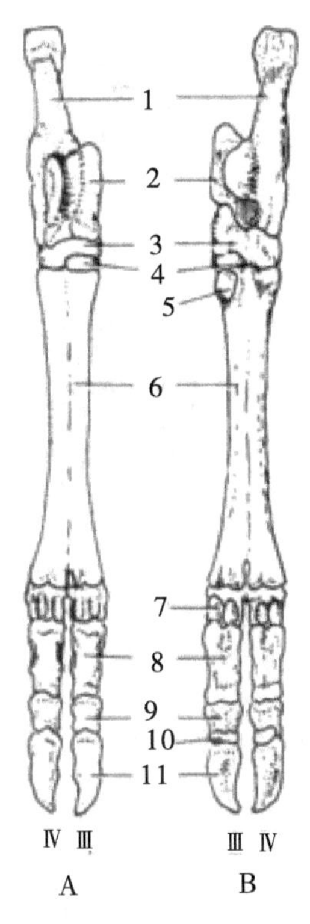

图 4　牛的后脚骨（A. 背侧面；B. 跖侧面）

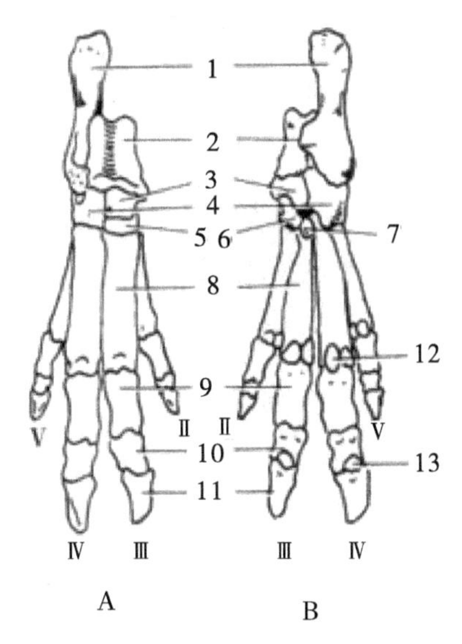

图 5　猪的后脚骨（A. 背侧面；B. 跖侧面）

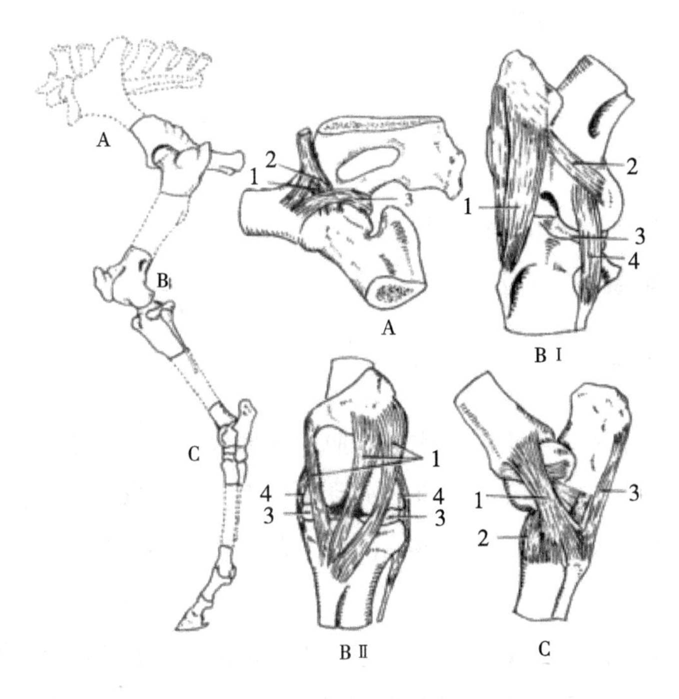

图 6　马的后肢关节

实习五　皮肌、肩带肌及头部肌

一、目的要求

1. 掌握肩带肌和咀嚼肌。

2. 了解前肢与躯干的连结。

二、材　料

1. 显示肩带肌、头部肌的标本。

2. 显示肌肉层次的模型。

三、内容与方法

1. 皮肌。分布于浅筋膜内的薄板状肌，大部分与皮肤深层紧密相连，只分布于面部、颈部、肩臂部和胸腹部，分别称为面皮肌、颈皮肌、肩臂皮肌和胸腹皮肌。在标本或模型上观察牛或马的躯干部、肩臂部、颈部和面部皮肌的形态、分布及作用。

2. 在浅层肌肉标本和模型上观察肩带肌。肩带肌是连接前肢与躯干的肌肉，多为板状肌。一般起于躯干，止于肩部和臂部。主要包括斜方肌、菱形肌、背阔肌、臂头肌、胸肌、腹侧锯肌、肩胛横突肌（牛）。注意各肌的形态、位置、纤维方向和作用。

3. 在头部肌肉标本上观察面部肌和咀嚼肌的位置、形态和作用。

（1）面部肌：分布于口和鼻周围，可分为开张自然孔的开肌和关闭自然孔的括约肌。

开肌：鼻唇提肌、犬齿肌、上唇提肌、下唇降肌。

括约肌：口轮匝肌、颊肌。

（2）咀嚼肌：分别观察开口肌与闭口肌。

闭口肌：咬肌、翼肌、颞肌。

开口肌：二腹肌、枕颌肌（马）。

四、注意事项

1. 爱护标本，避免随意切断肌肉。

2. 不要用力牵拉肌肉以防撕裂。

3. 观察完毕，及时将标本用塑料薄膜包裹好放回原处，以防干燥。

五、思考题

1. 前肢与躯干以何种方式连结?

2. 联系咀嚼功能，说明咀嚼肌的作用。

六、作　业

1. 填图。

2. 扫描二维码，核对正误。

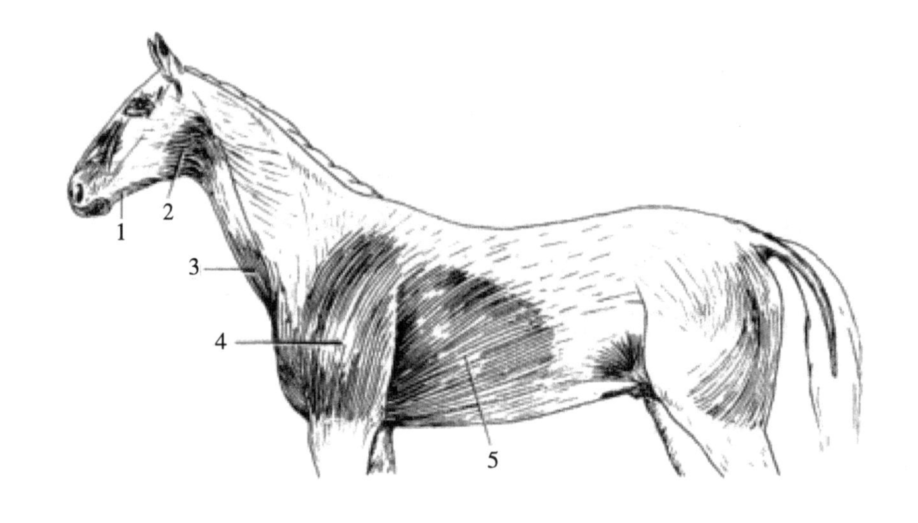

图 1　马的皮肌

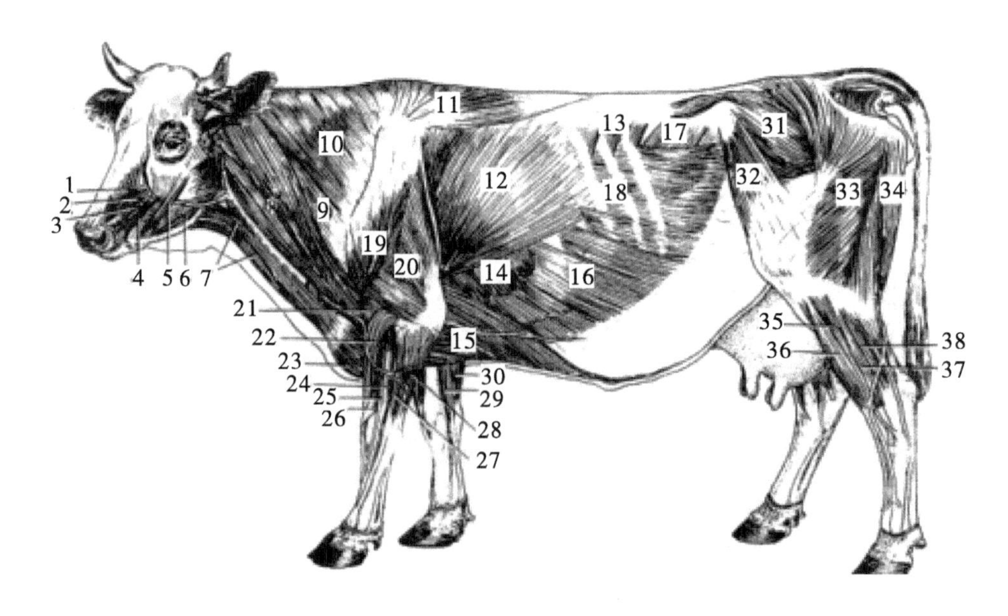

图 2　牛的全身浅层肌肉

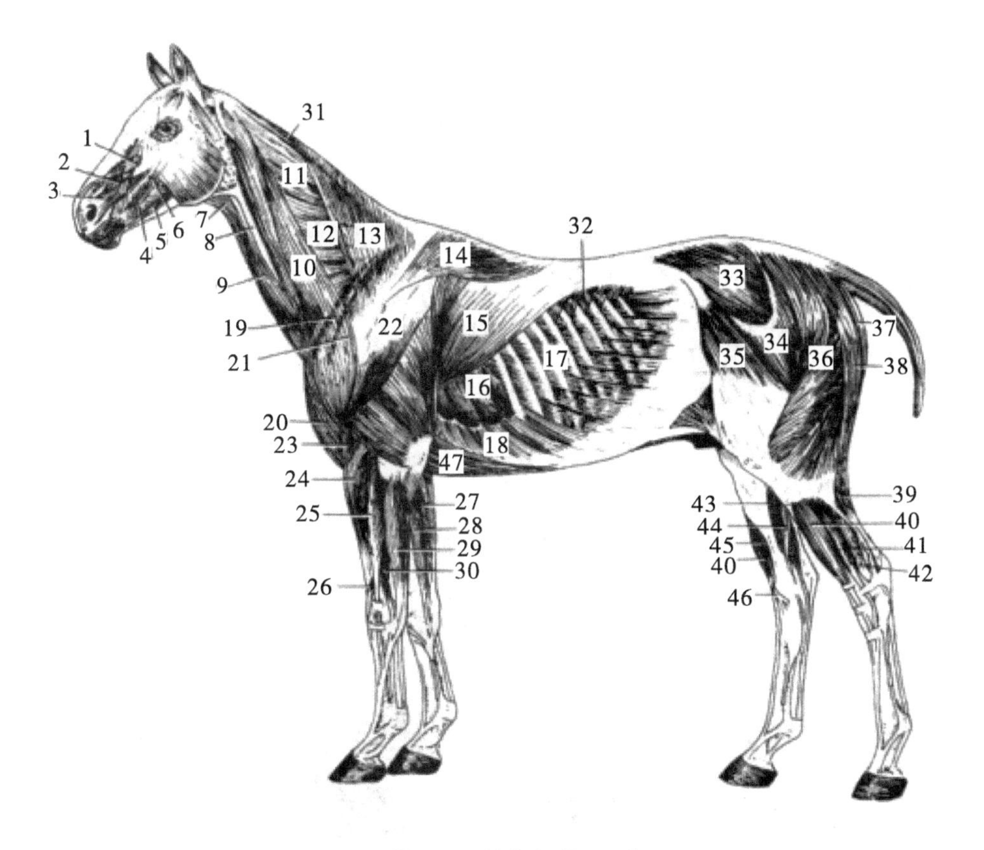

图 3　马的全身浅层肌肉

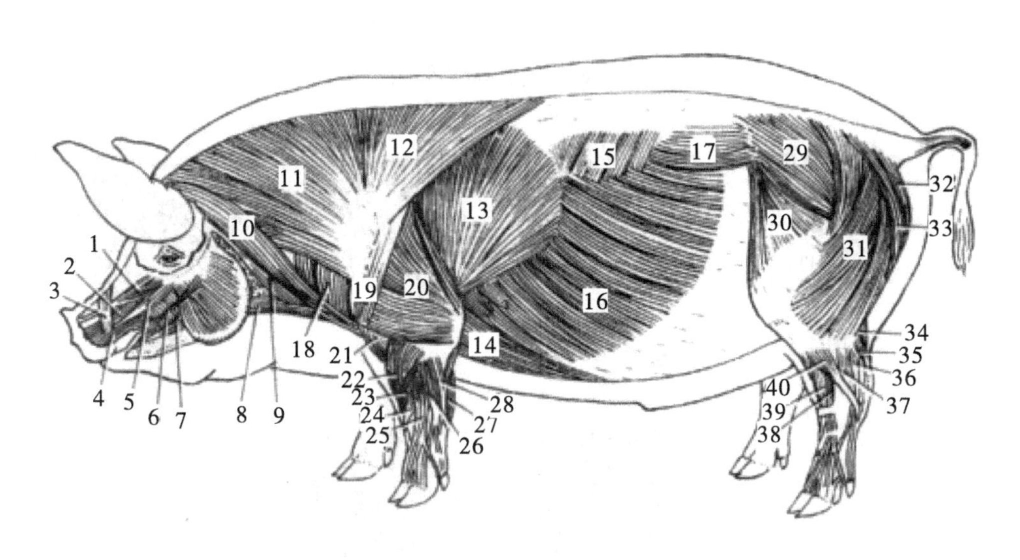

图 4　猪的全身浅层肌肉

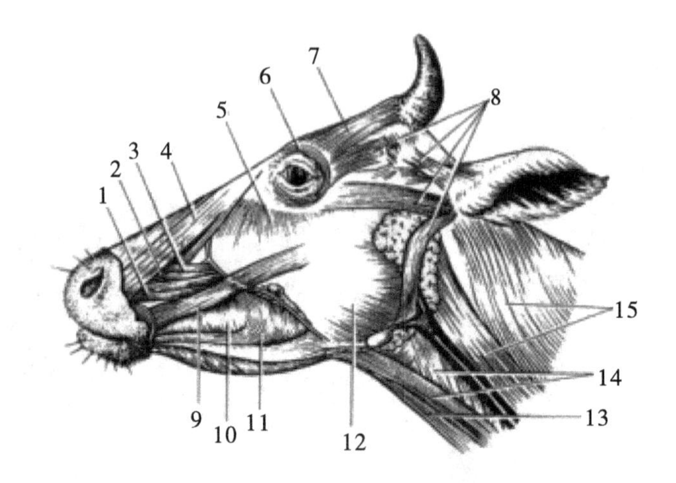

图5　牛的头部肌肉

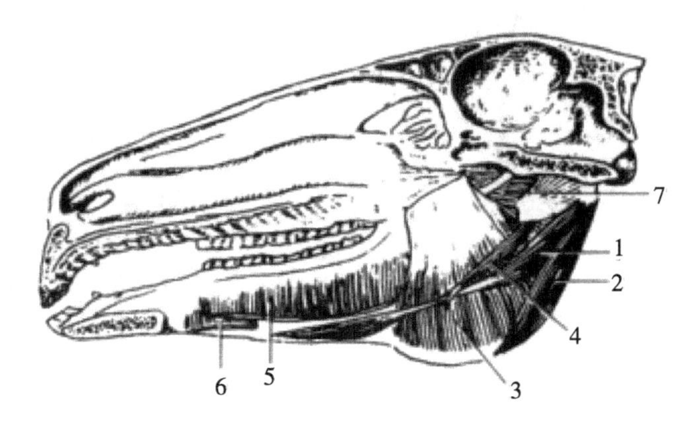

图6　马的下颌内侧肌

实习六　躯干肌

一、目的要求

1. 掌握背最长肌、膈肌、腹壁肌。

2. 了解呼气肌与吸气肌。

二、材　料

1. 牛或马躯干肌标本。

2. 显示肌肉层次的模型。

三、内容与方法

1. 脊柱肌。分布于脊柱的背侧和腹侧，分背侧肌群和腹侧肌群。

（1）脊柱背侧肌群：背最长肌、髂肋肌、夹肌、头半棘肌。背最长肌和髂肋肌之间的沟为髂肋肌沟。

（2）脊柱腹侧肌群：颈长肌、腰小肌、腰大肌。

2. 颈腹侧肌。位于颈部腹侧皮下，包围于气管、食管及大血管的腹侧。主要有胸头肌、胸骨甲状舌骨肌和肩胛舌骨肌。注意它们与气管、颈动脉和颈静脉的位置关系。

3. 胸壁肌。位于胸腔侧壁，并形成胸腔后壁。主要有肋间外肌、肋间内肌，注意观察各肌的位置、形态、起止点，并分析其作用。

4. 腹壁肌和膈肌。构成腹腔的侧壁和底壁。由四层纤维方向不同的板状肌构成。由外向内分别为腹外斜肌、腹内斜肌、腹直肌和腹横肌。注意观察各层的结构和关系，观察腹股沟管的组成及构造特点。观察膈肌，识别中心腱、肉质缘、腔静脉孔、主动脉裂孔和食管裂孔的位置。

四、注意事项

1. 不要随意撕裂、切断和强力拉动肌肉，以免损坏标本。

2. 逐层分离观察。观察深层肌肉时，如需将覆盖其上的浅层肌肉剪断时，应沿肌腹中间横断，仍然保留剪断之两端肌肉以便复习。

3. 观察完毕，及时将标本用塑料薄膜包裹好放回原处，以防干燥。

五、思考题

1. 说明背最长肌的位置、起止点和作用，“眼肌”指什么？测量其面积有什么意义？

2. 试分析呼气与吸气时呼吸肌的作用。

3. 瘤胃手术或剖腹产时应该在腹壁什么部位进行，应顺次切开哪些结构?

4. 腹股沟管的构成。

六、作　业

1. 填图。

2. 扫描二维码，核对正误。

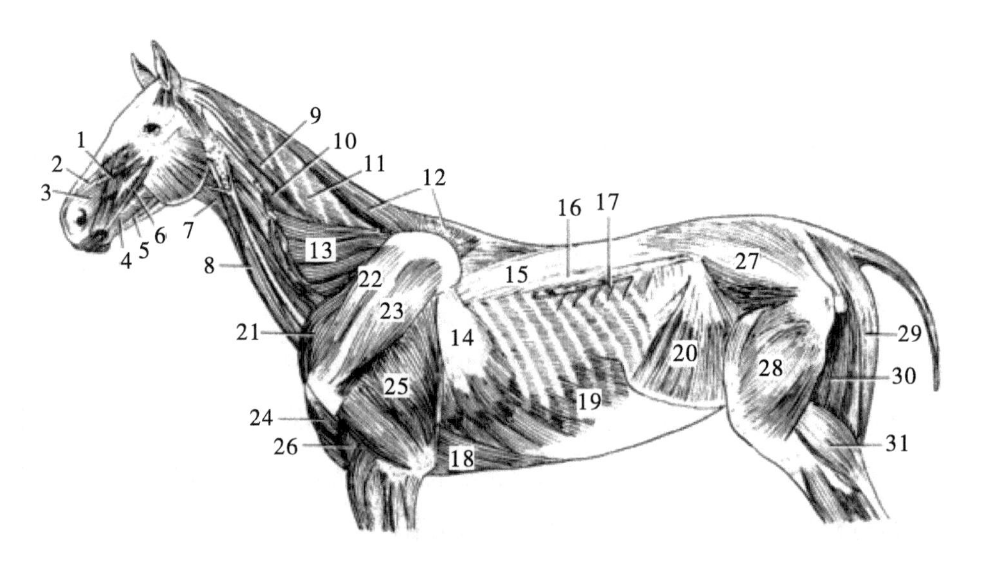

图 1　马躯干深层肌

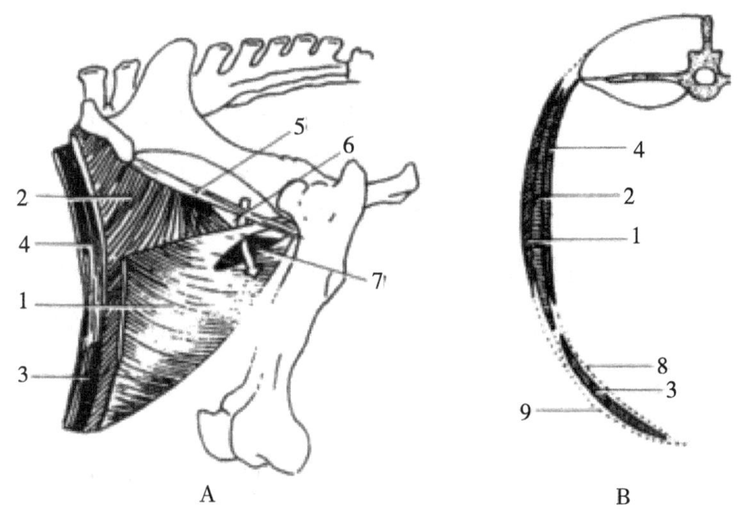

图 2 马腹壁肌模式图（A. 外侧面；B. 横断面）

图 1

图 2

实习七 前肢肌

一、目的要求

1. 掌握肩部、臂部外侧肌，前臂部肌及前脚部肌。

2. 熟悉臂部内侧肌。

二、材 料

1. 马、牛前肢肌肉标本。

2. 马或牛整体肌肉标本或模型。

三、内容与方法

在肩胛软骨处切断菱形肌，在胸骨的腹外侧缘切断胸肌。侧拉前肢，钝性分离肩胛下间隙的结缔组织，紧贴肩胛骨锯肌面，切断下锯肌，向前翻转前肢，将前肢从整体标本上取下。按部位观察前肢各肌。

1. 肩部肌。分布于肩胛骨的内侧面和外侧面，起自肩胛骨止于肱骨，跨越肩关节，可伸、屈肩关节和内收、外展前肢，可分为外侧组和内侧组。

（1）外侧组：冈上肌、三角肌、冈下肌。

（2）内侧组：肩胛下肌、大圆肌。

2. 臂部肌。分布于肱骨周围，起于肩胛骨和肱骨，跨越肩关节及肘关节，止于前臂骨。主要作用在肘关节，可分为伸肌、屈肌两组。伸肌位于肱骨后方，屈肌位于肱骨前方。

（1）伸肌组：臂三头肌（长头、外侧头和内侧头）、前臂筋膜张肌。

（2）屈肌组：臂二头肌、臂肌。

3. 前臂及前脚部肌。前臂及前脚部肌的肌腹分布于前臂骨的背侧、外侧和掌侧面，多为纺锤形。起自肱骨远端和前臂骨近端，作用于腕关节和指关节，在腕关节附近移行为腱。作用于腕关节的肌肉，止于腕骨及掌骨近端。作用于指关节的肌肉，止于冠骨和蹄骨。可分为背外侧肌群和掌内侧肌群。

（1）背外侧肌群：腕桡侧伸肌、指总伸肌、指内侧伸肌（牛）、指外侧伸肌。

（2）掌内侧肌群：腕外侧屈肌（尺外侧肌），腕尺侧屈肌、腕桡侧屈肌、指浅屈肌、指深屈肌。注意腕桡侧屈肌与桡骨形成的前臂正中沟。

四、注意事项

1. 观察完毕，及时将标本用塑料薄膜包裹好放回原处，以防干燥。

2. 在分离肌肉时，先将表层的浅筋膜剥离，除去深筋膜在肌群表面形成的筋膜鞘，暴露出肌肉，然后沿肌间隔，可用刀柄采用钝性分离的方法将一块块肌肉分开。在分离指关节伸肌时，先找到伸肌腱，自下而上分离。

3. 腕关节和指关节的肌腹都集中在前臂部，在分离前臂部各肌肉时，可按照背侧—外侧—掌侧—内侧的顺序进行分离。自前臂背侧依次分离腕桡侧伸肌、指内侧伸肌、指总伸肌外侧肌腹、指外侧伸肌、尺骨外侧肌、腕尺侧屈肌和腕桡侧屈肌。在分离指浅屈肌和指深屈肌时，先切断腕尺侧屈肌才能暴露出指浅屈肌，指深屈肌位于指浅屈肌的深面。

五、思考题

1. 试述肩带肌、肩部肌、臂部肌、前臂部肌和前脚部肌的组成及形态特点。
2. 马站立时为什么前肢不会疲劳？
3. 除指关节外，前肢各关节伸肌为什么比屈肌发达?
4. 卸下前肢时，需切断哪些肌肉?

六、作　业

1. 填图。
2. 扫描二维码，核对正误。

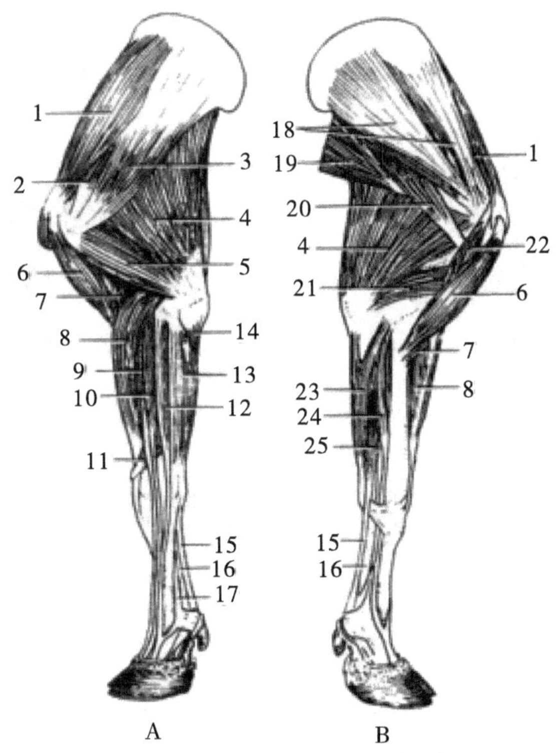

图 1　牛的左前肢肌（A. 外侧面；B. 内侧面）

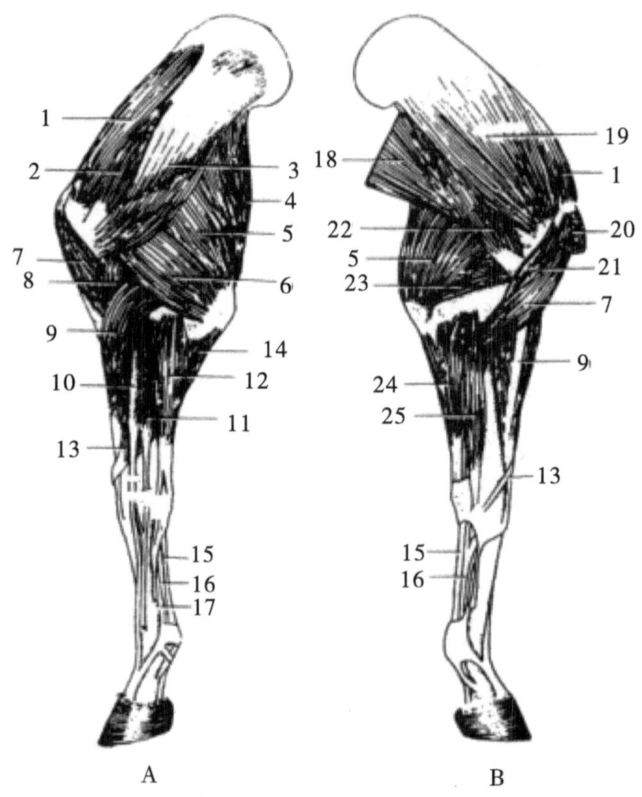

图 2　马的左前肢肌（A. 外侧面；B. 内侧面）

图 1

图 2

实习八　后肢肌

一、目的要求

1. 掌握后肢各部肌肉的形态位置、构造特征及作用。

2. 了解股二头肌沟，小腿内、外侧沟，跖内、外侧沟的形成及相关肌肉。

二、材 料

1. 马、牛后肢肌标本。

2. 牛或马全身肌肉标本或模型。

三、内容与方法

按部位观察各肌。

1. 髋部肌。分布于臀部，跨越髋关节，止于股骨，可伸屈髋关节及外旋大腿。

（1）臀肌群：臀浅肌（马）、臀中肌、臀深肌。

（2）髂腰肌：髂肌、腰大肌。

2. 股部肌。分布于股骨周围，可分为股前肌群、股后肌群和股内侧肌群。

（1）股前肌群：阔筋膜张肌、股四头肌。

（2）股后肌群：股二头肌、半腱肌、半膜肌。

（3）股内侧肌群：股薄肌、内收肌。

3. 小腿及后脚部肌。多为纺锤形肌，肌腹位于小腿部，在跗关节均变为腱，作用于跗关节和趾关节，可分为背外侧肌群和跖侧肌群。牛和马区别较大，分别观察。

（1）牛的背外侧肌：胫骨前肌、第 3 腓骨肌、趾内侧伸肌、趾长伸肌、腓骨长肌、趾外侧伸肌。

（2）马的背外侧肌：胫骨前肌、第 3 腓骨肌、趾长伸肌、趾外侧伸肌。

（3）跖侧肌：腓肠肌、趾浅屈肌、趾深屈肌、腘肌。

四、注意事项

1. 观察完毕，及时将标本用塑料薄膜包裹好放回原处，以防干燥。

2. 分布于跗关节和趾关节的肌肉，其肌腹都集中在小腿部，在跗部特别是跖部以下转化为腱索，所以分离跗关节和趾关节肌肉时，可在小腿部按照背侧—外侧—跖侧—内侧的顺序进行，第 3 腓骨肌、第 3 趾固有伸肌、趾长伸肌和胫骨前肌借结缔组织连在一起，位于小腿部的背外侧，要仔细分离，然后分离腓骨长肌和第 4 趾固有伸肌，切断腓肠肌暴露趾浅屈肌，胫骨的跖侧是趾深屈肌。

五、思考题

1. 后肢是推动身体前进的动力，主要表现在哪些肌肉？
2. 试比较马、牛小腿及后脚部肌。

六、作　业

1. 填图。
2. 扫描二维码，核对正误。

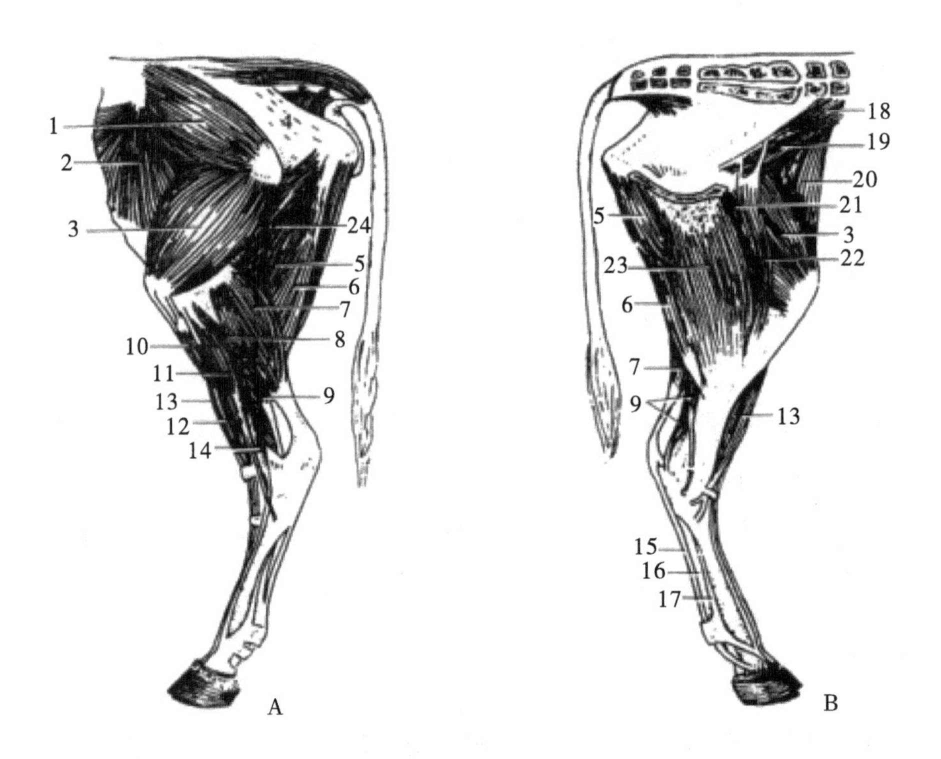

图 1　牛的左后肢肌（A. 外侧面；B. 内侧面）

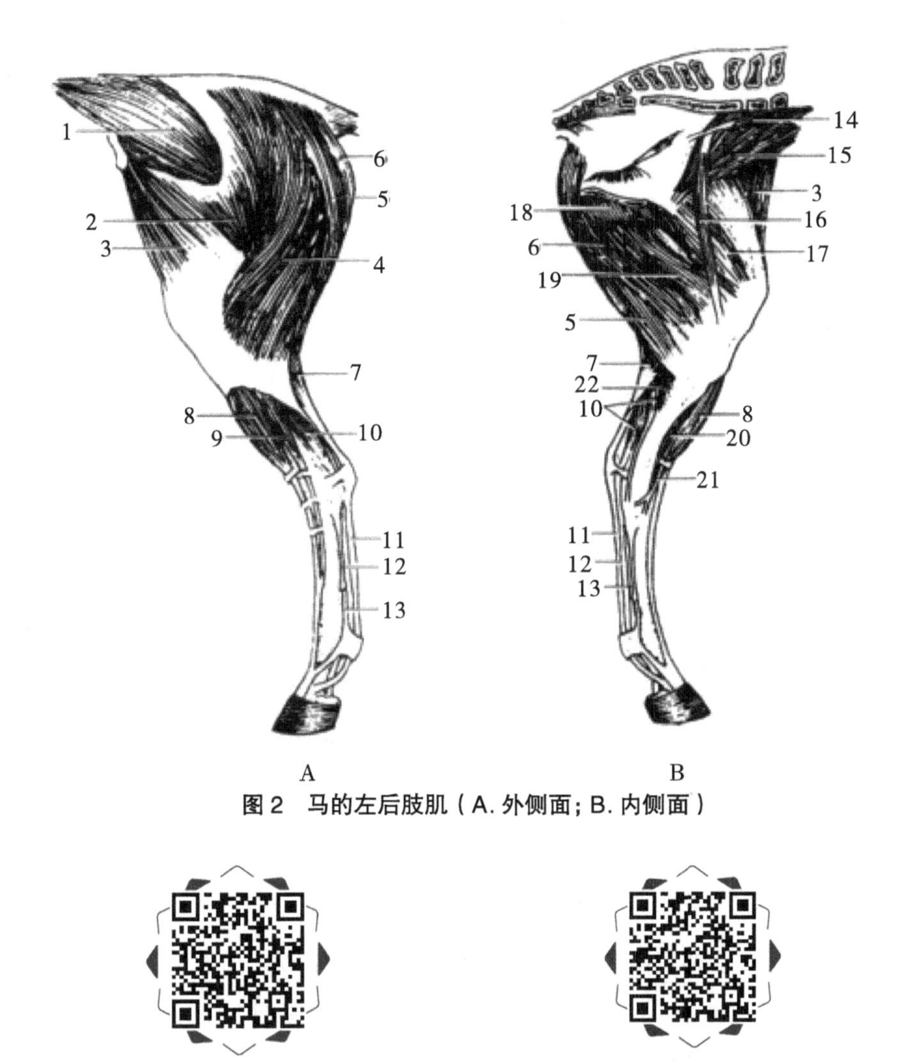

图 2　马的左后肢肌（A. 外侧面；B. 内侧面）

图 1　　图 2

实习九　蹄及乳房

一、目的要求

1. 学习并掌握马蹄的结构。

2. 掌握牛乳房的构造。

3. 了解猪蹄的特点。

4. 了解猪、羊乳房的形态位置。

二、材　料

1. 马蹄标本。

2. 牛乳房标本。

3. 猪蹄标本。

三、内容与方法

1. 马蹄的构造。

（1）蹄匣：在蹄匣标本上识别蹄缘、蹄冠、蹄壁、蹄底（蹄白线）、蹄叉的形态和构造。

（2）肉蹄：去掉蹄匣的标本即肉蹄。在肉蹄标本和蹄的纵切面标本上观察肉缘、肉冠、肉壁、肉底和肉叉。注意各部真皮乳头的形态及与蹄匣的关系。观察蹄冠及蹄叉部分的皮下组织。

2. 牛蹄的构造。牛为偶蹄动物，观察其主蹄（蹄缘、蹄冠、蹄壁、蹄底、蹄枕）和悬蹄。

3. 猪蹄的构造。猪为偶蹄动物，主蹄构造与牛相似，指枕更发达。

4. 牛乳房的构造。在牛乳房纵横切面标本上观察乳房的形态、悬吊装置（悬韧带、外侧韧带及结缔组织隔）、乳腺及输乳管。

5. 比较马、猪、羊乳腺的位置、形态、数目等特点。

四、注意事项

1. 爱护标本。

2. 观察完毕，及时将标本放回原处。

五、思考题

1. 联系功能说明马蹄的构造。

2. 说明蹄白线的位置和构造。

3. 简述牛乳房的形态和构造。

六、作业

1. 填图。

2. 扫描二维码，核对正误。

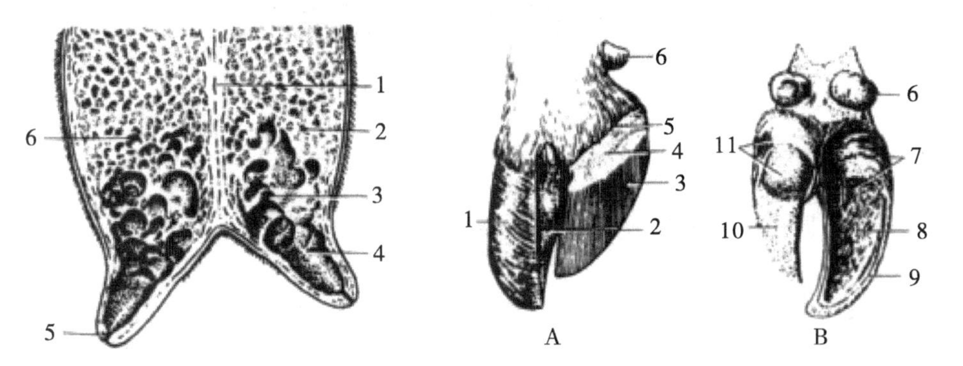

图 1　牛乳房的构造（纵切面）　图 2　牛蹄（一侧的蹄匣已除去，A. 背侧面；B. 底侧面）

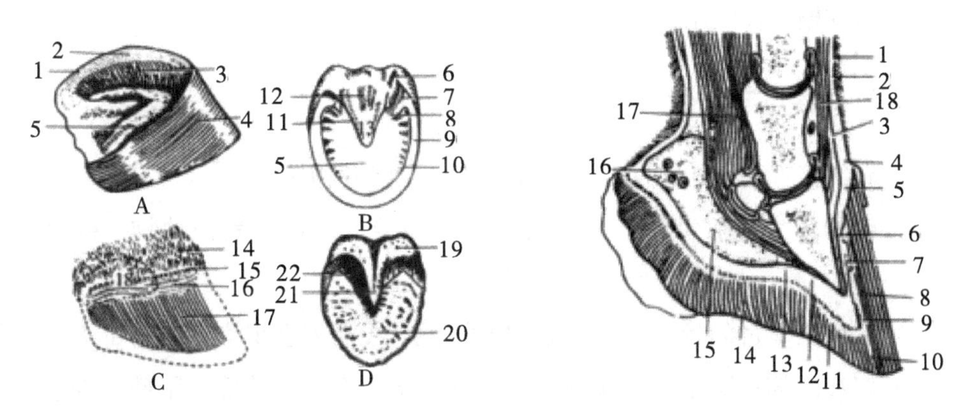

图 3　马蹄（A. 蹄匣；B. 蹄匣底面；C. 肉蹄；D. 肉蹄底面）　图 4　马蹄纵切面

实习十　动物体表的各部名称及被皮系统活体观察

一、目的要求

学习并掌握畜体各部名称及其骨骼基础。

二、材　料

1. 活牛或马。
2. 活羊或猪。
3. 六柱栅（保定家畜用）。

三、内容与方法

1. 介绍接近动物的方法，为了保证安全，将动物保定。

2. 引导学生克服害怕、盲动心理，主动接近动物、爱护动物，确保人畜安全。

3. 运用已学过的骨、关节和肌肉的知识，在活体上识别畜体各部名称（头部：颅部和面部；躯干部：颈部、胸背部、腰腹部、荐臀部、尾部；四肢：前肢部、后肢部）。

4. 在畜体上讲解 3 个基本切面（矢状面、横断面、额面）和常用方位术语（内侧与外侧、头侧与尾侧、背侧与腹侧、远端与近端、背侧、掌侧和跖侧）。

5. 观察毛的种类、分布、毛流等。

6. 观察皮肤衍生物：马的腕枕、跗枕、蹄，牛的角和蹄，绵羊的特殊皮脂腺等。

四、注意事项

接近动物时，注意安全。

五、思考题

1. 指出动物体表的各部名称及其骨骼基础。
2. 掌握动物的接近及保定方法。

实习十一　牛的消化系统

一、目的要求

1. 识别牛主要消化器官的形态、构造及位置关系。
2. 学习并掌握牛胃、小肠、肝及结肠盘的体表投影。
3. 掌握肝脏和胰脏的位置、结构。
4. 了解腹膜、腹膜腔、系膜及网膜的概念。

二、材　料

1. 牛头的纵切面标本。
2. 显示食管位置的标本。
3. 牛（羊）胃、肠、肝、胰标本。
4. 牛内脏位置模型或显示内脏位置的标本。

三、内容与方法

1. 口腔、咽和食管。

在头部纵切面标本上观察口腔前庭（上唇、下唇、颊）、固有口腔（齿、硬腭、软腭、舌和口腔底），注意舌的形态和舌黏膜上各种乳头的形态及分布。区分鼻咽部、口咽部和喉咽部，识别咽上的 7 个开口，并分析吞咽时的变化。观察腮腺、下颌腺、舌下腺的形态位置及导管的走向和开口。在标本上观察食管颈段、胸段和腹段的位置及与气管等器官的关系。

2. 胃、肠、肝、胰。

（1）胃：在标本或模型上观察瘤胃、网胃、瓣胃和皱胃的形态、位置和容积。在切开的牛胃标本上，逐个观察各胃黏膜的形态特点，识别贲门、瘤网胃口、网胃沟（食管沟）、网瓣胃口、瓣皱胃沟、瓣皱胃口、幽门等结构，注意各胃间的关系。

（2）肠：观察十二指肠、空肠和回肠的形态、位置及其与胃和大肠的关系。观察十二指肠上胆管和胰管开口的位置。观察盲肠、结肠（初袢、旋袢和终袢）和直肠的形态位置及与腹腔其他器官的关系。

（3）肝：观察肝的形态、位置和分叶情况；肝门（门静脉、肝动脉和胆管）、胆囊的形态位置；肝膈面上肝静脉开口于后腔静脉的情况。

（4）胰：观察胰的形态、位置及导管。

四、注意事项

1. 爱护标本。

2. 观察完毕，及时将标本用塑料薄膜包裹好放回原处，以防干燥。

3. 实习过程中保持安静，注意实验室的环境卫生。

五、思考题

1. 牛胃各室的形态、毗邻关系及其黏膜特点。

2. 牛肠由哪几部分组成？简述各部的形态特点。

3. 说出各段肠管的体表投影位置。

4. 简述牛肝脏、胰脏的形态和位置。

六、作　业

1. 填图。

2. 扫描二维码，核对正误。

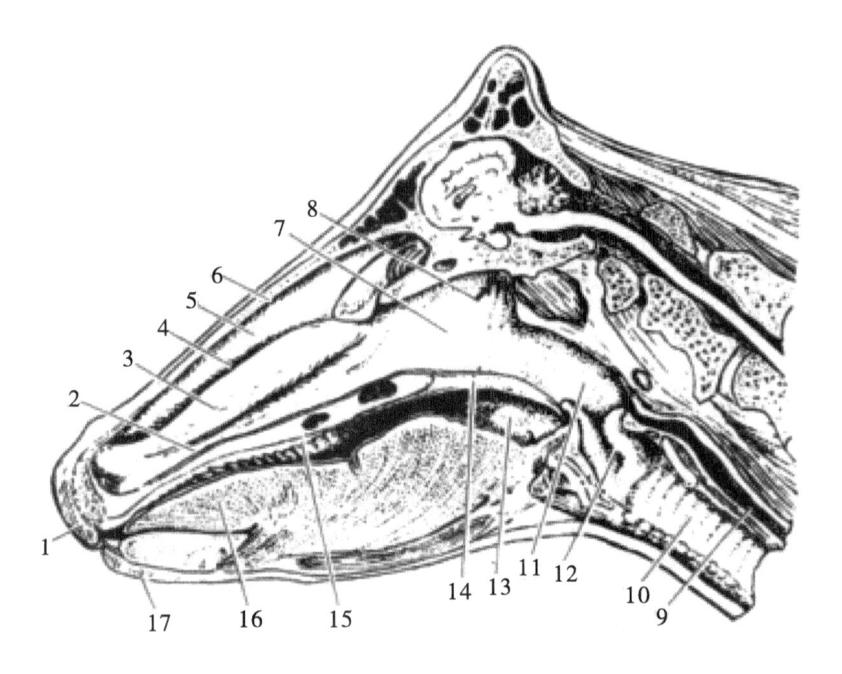

图1　牛头纵切面

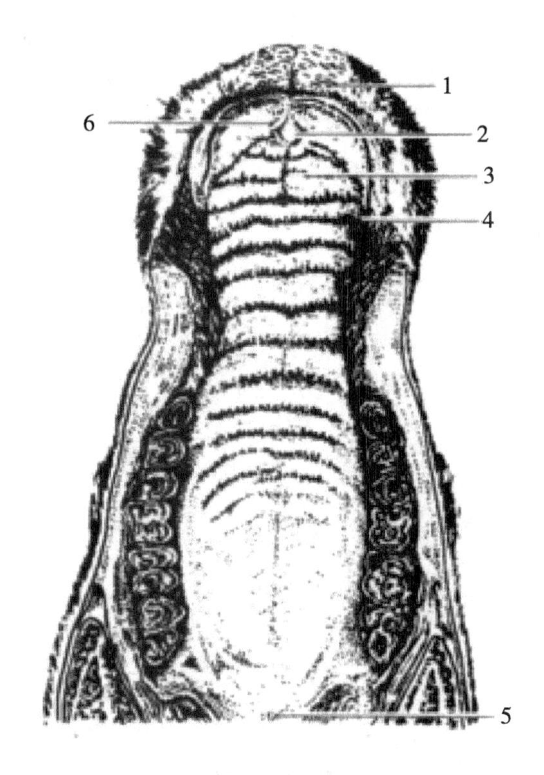

图2　牛的硬腭

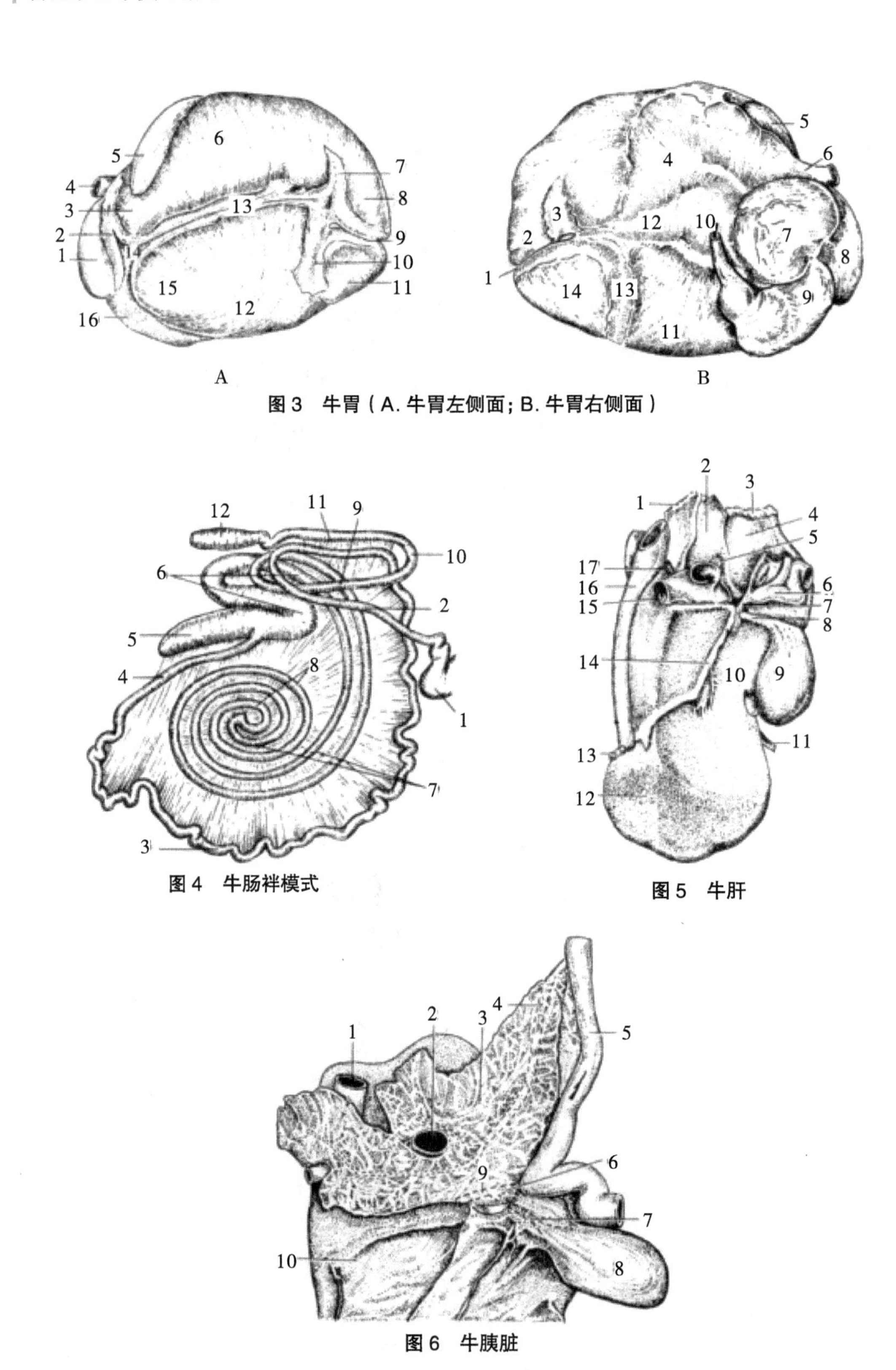

图 3　牛胃（A. 牛胃左侧面；B. 牛胃右侧面）

图 4　牛肠袢模式

图 5　牛肝

图 6　牛胰脏

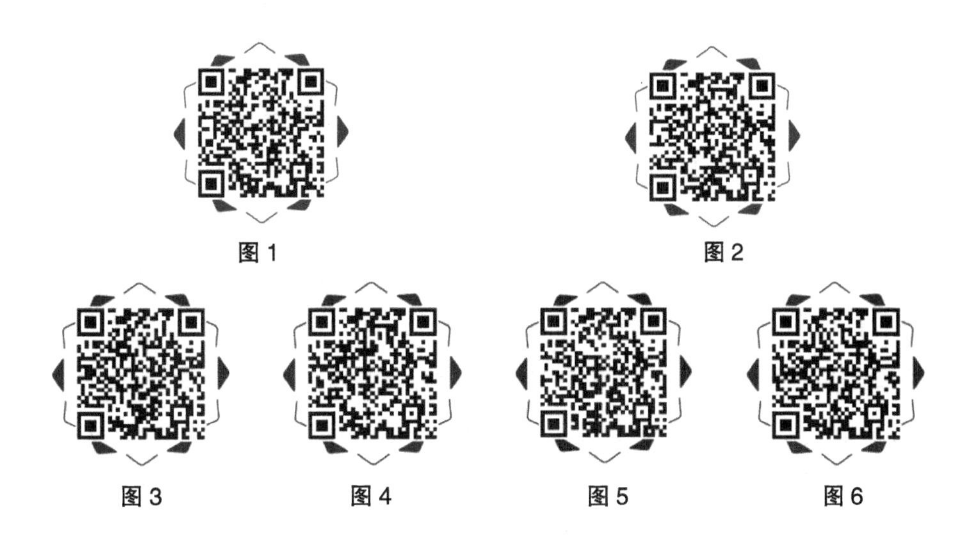
图1　图2
图3　图4　图5　图6

实习十二　马的消化系统

一、目的要求

1. 掌握马消化器官的形态、位置和结构。
2. 掌握马大肠的形态结构特点及体表投影。

二、材　料

1. 马头的纵切面标本。
2. 马内脏位置模型。
3. 马离体消化器官标本。

三、内容与方法

1. 口腔、咽和食管。

在马头部纵切面标本上观察腭缝、腭褶，注意舌的形态和舌黏膜上各种乳头的形态及分布。识别咽的“三部七口”。分析马不易呕吐的原因。观察腮腺、下颌腺、舌下腺的形态位置及导管的走向和开口。在显示食管与气管位置关系的标本上观察，可见食管的行程与牛相似。

2. 胃、肠、肝、胰。

（1）胃：观察马胃的形态、位置；胃黏膜无腺区、有腺区（贲门腺区、胃底腺区和幽门腺区）的区分和形态特点。

（2）肠：观察十二指肠、空肠和回肠的形态位置，前肠系膜的形态及附着点。观察盲肠底、盲肠体和盲肠尖的形态位置及肠壁上纵肌带和肠袋的分布。注意：回盲口和盲结口的位置。观察大结肠“四部三曲”的走向、形态和位置，注意各段的口径变化以及纵肌带和肠袋的分布。观察小结肠的形态、位置及后肠系膜的附着点。观察直肠的位置、形态。注意：峡部和壶腹部形态特点，及其与周围器官的关系。

（3）肝：观察肝的分叶、位置和肝门无胆囊的特点；观察肝管在十二指肠的开口。

（4）胰：观察胰的形态和位置及主、副胰管在十二指肠的开口。

四、注意事项

1. 爱护标本。
2. 观察完毕，及时将标本用塑料薄膜包裹好放回原处，以防干燥。
3. 实习过程中保持安静，注意实验室的环境卫生。

五、思考题

1. 简述马胃的形态构造特点。
2. 说明马属动物大结肠和盲肠的形态、位置和结构。

六、作　业

1. 填图。
2. 扫描二维码，核对正误。

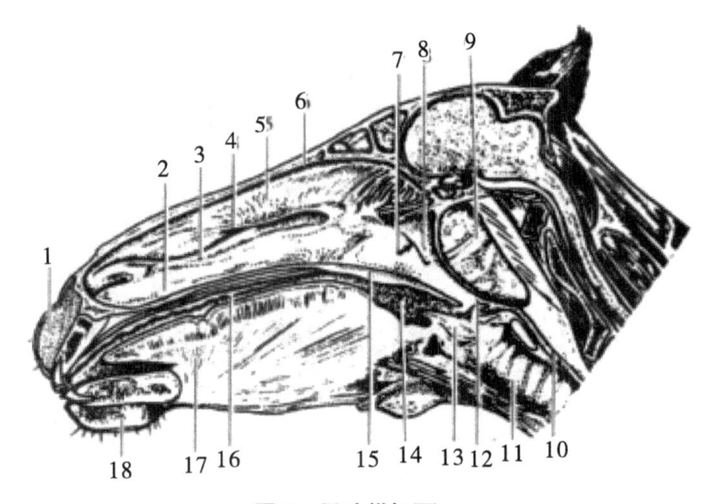

图1　马头纵切面

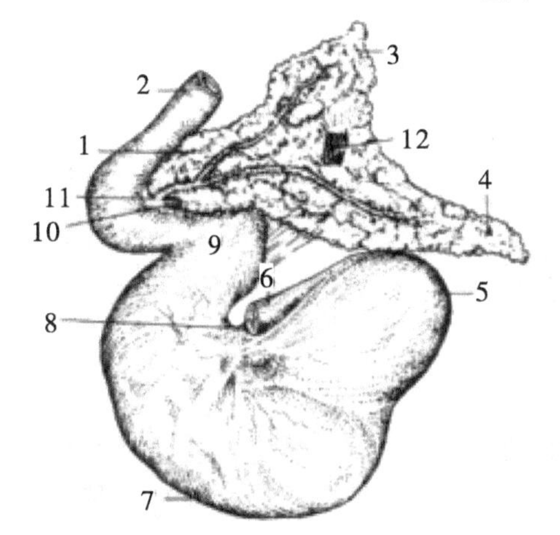

图2　马的胃和胰

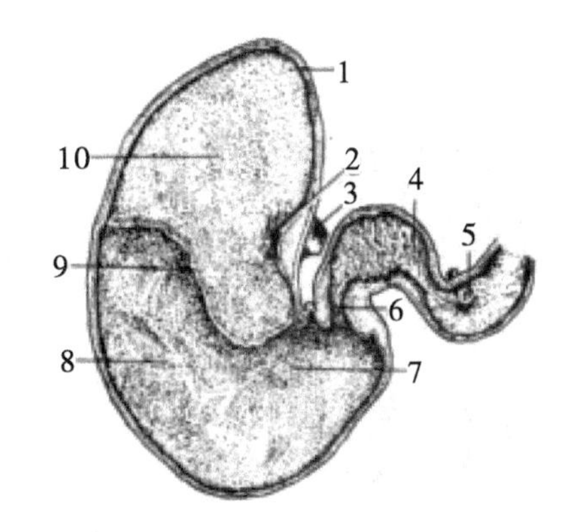

图3　马胃结构

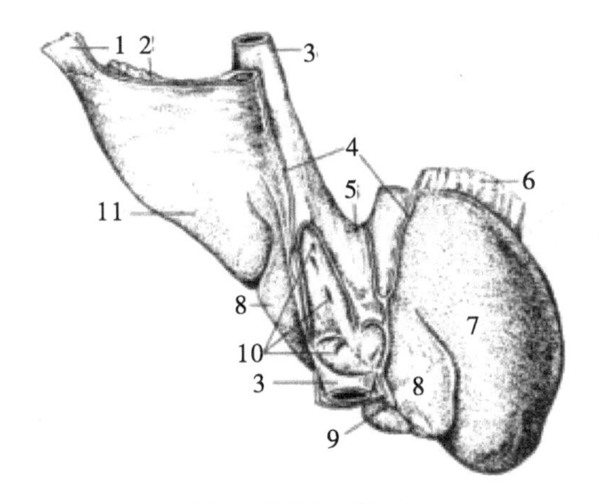

图4　马肝（壁面）

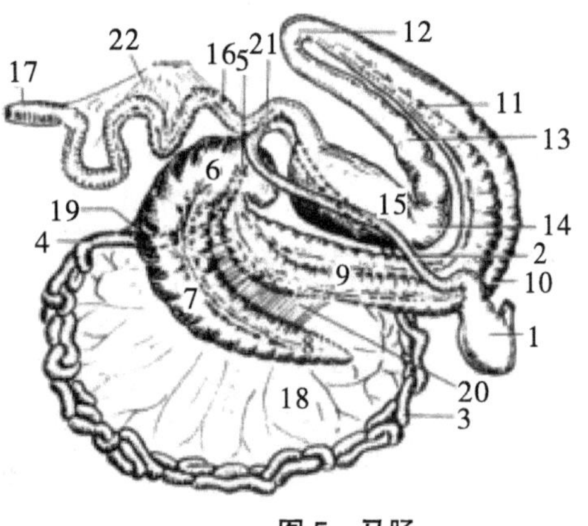

图5　马肠

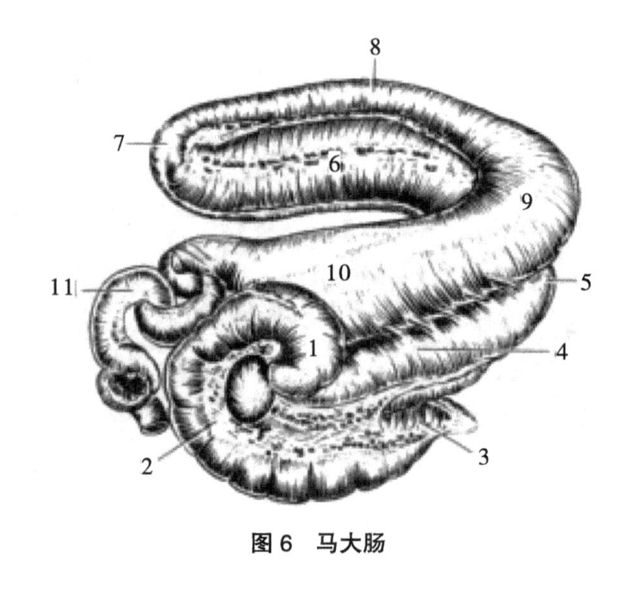

图 6　马大肠

实习十三　猪的消化系统

一、目的要求

1. 掌握猪消化器官的形态结构特征。

2. 掌握猪胃与大肠的形态结构和位置。

二、材　料

1. 猪内脏整体模型。

2. 猪离体消化器官标本。

三、内容与方法

1. 口腔、咽和食管。

在猪头部纵切面标本上观察上唇、下唇、吻突，软腭、腭扁桃体，舌乳头与马相似。识别咽与邻近器官相通的 7 个孔道，注意识别咽后隐窝、咽扁桃体。观察腮腺、下颌腺、舌下腺的形态位置及导管的走向和开口。在显示食管与气管位置关系的标本上观察，可见食管的行程与牛相似。

2. 胃、肠、肝、胰。

（1）比较观察猪胃的形态特点（胃憩室）及黏膜无腺区和腺区的分布特点。

（2）肠：观察十二指肠、空肠和回肠的形态和位置；观察盲肠、结肠圆锥体和直肠的形态和位置。

（3）肝：比较其分叶与牛、马的区别，注意观察胆囊窝、胆囊和胆管的开口。

（4）胰：观察胰的位置、形态及胰管的开口。

四、注意事项

1. 爱护标本。

2. 观察完毕，及时将标本用塑料薄膜包裹好放回原处，以防干燥。

3. 实习过程中保持安静，注意实验室的环境卫生。

五、思考题

1. 简述猪胃的形态构造特点。

2. 简述猪升结肠的位置、形态特点。

3. 简述猪肝脏的位置、形态特点。

六、作　业

1. 填图。

2. 扫描二维码，核对正误。

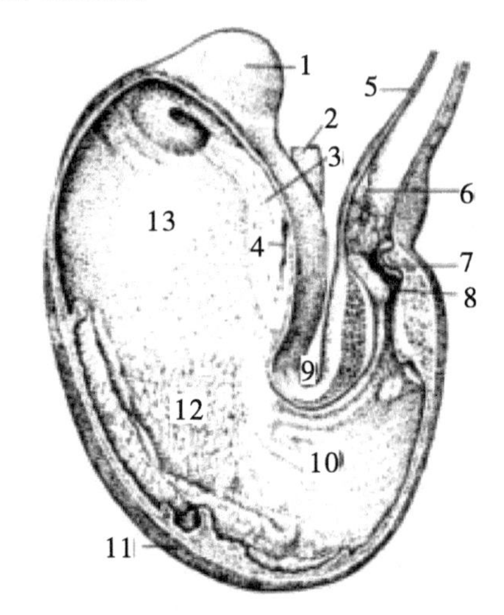

图 1　猪胃结构

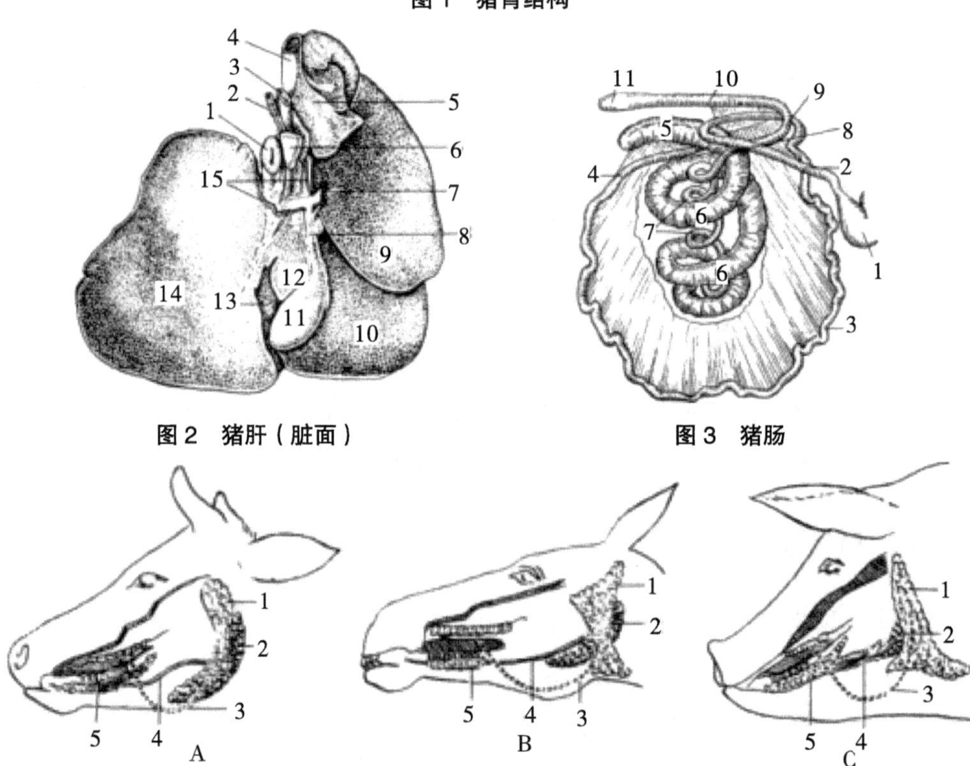

图 2　猪肝（脏面）

图 3　猪肠

图 4　唾液腺（A. 牛；B. 马；C. 猪）

图 1　图 2　图 3　图 4

实习十四　呼吸系统

一、目的要求

1. 学习喉口的软骨构成。
2. 掌握鼻腔和气管的形态构造。
3. 掌握肺脏的形态、位置和体表投影。
4. 了解胸膜、胸膜腔和纵膈的构成。

二、材　料

1. 显示呼吸系统各器官关系的标本。
2. 马或牛的鼻腔纵、横切面标本。
3. 牛或马的喉、气管标本。
4. 马、牛、猪肺标本。
5. 肺的支气管树，血管铸型标本。

三、内容与方法

1. 在呼吸系统整体标本上观察。鼻、咽、喉、气管和肺的位置和相互关系。

2. 鼻。在鼻腔纵、横断面标本上观察鼻孔，比较牛、马、羊、猪的鼻孔形态。观察鼻前庭，注意马的鼻盲囊。观察固有鼻腔，识别鼻中隔，左右鼻腔，上、中、下鼻道和总鼻道，注意各鼻道的通路。观察鼻旁窦的组成（上颌窦、额窦、上鼻甲窦、蝶额窦和筛窦）及其与鼻腔的关系。

3. 咽见消化系统。

4. 喉。观察喉软骨（甲状软骨、环状软骨、会厌软骨、勺状软骨）、喉腔、喉黏膜（声带）和喉肌。

5. 气管和支气管。观察气管颈段、胸段的走向及与周围器官的关系。比较观察牛、马、猪的气管、支气管和软骨环的形态特点。

甲状腺与甲状旁腺的观察：在气管前端，环状软骨与气管环的外侧，呈倒三角形的腺体，砖红色，为甲状腺（牛），另有甲状旁腺分内外两对，分别在甲状腺的内背侧缘和甲状腺前方，颈总动脉分叉处的腹侧。

马甲状腺：位于喉后部，前 3~4 个气管软骨环的两侧，甲状旁腺前后两对，分别在食管和甲状腺之间及颈后 1/3 的气管上，因位置常有变动而不容易找到。

猪的甲状腺：位于胸前口处气管的下面，腺峡发达与侧叶合为一体。只有一对外甲状旁腺，位于颈总动脉环分叉处的稍下方。

6. 肺。比较观察牛、马、猪肺的分叶，肺小叶间结缔组织的多少，观察肺门。

7. 在肺的铸型标本上观察支气管树和肺动脉、肺静脉的相互关系。

四、注意事项

1. 爱护标本。

2. 观察完毕，及时将标本用塑料薄膜包裹好放回原处，以防干燥。

3. 实习过程中保持安静，注意实验室的环境卫生。

五、思考题

1. 联系机能说明呼吸系统的组成。

2. 经鼻腔投送胃管至食管应沿什么路径行进？

3. 比较各种家畜喉和肺形态结构的差异。

六、作　业

1. 填图。

2. 扫描二维码，核对正误。

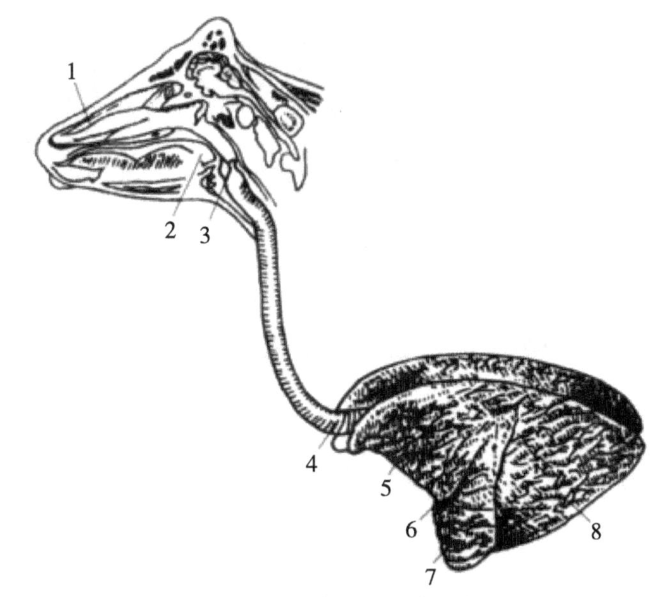

图1　牛呼吸系统组成

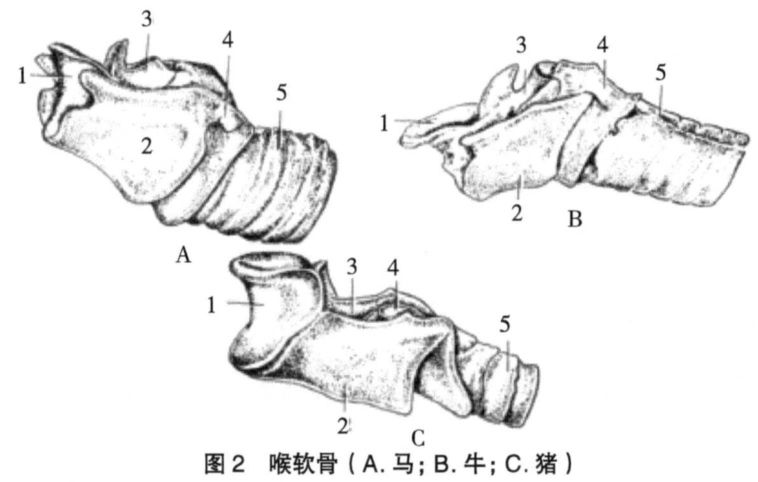

图2　喉软骨（A. 马；B. 牛；C. 猪）

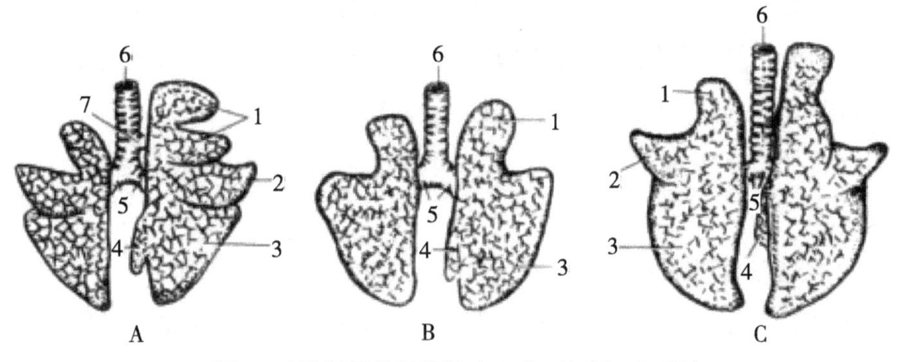

图3　家畜肺的分叶情况（A. 牛；B. 马；C. 猪）

图 1

图 2

图 3

实习十五　泌尿系统

一、目的要求

1. 掌握肾脏的形态、位置和结构。

2. 了解输尿管和膀胱的结构。

二、材　料

1. 牛或马泌尿系统标本。

2. 牛、马、猪、羊肾的外形和断面标本。

3. 肾脏血管铸型标本。

三、内容与方法

1. 在泌尿系统标本上观察。肾、输尿管、膀胱、尿道的形态、位置及相互关系。

2. 比较观察马肾（光滑单乳头肾）、牛肾（有沟多乳头肾）和猪肾（光滑多乳头肾）的形态与内部结构（纤维膜、肾窦、肾盂、皮质、髓质、髓放线等）。

在每侧肾脏的前内侧，各有一个红褐色较小的肾上腺。

3. 在肾的铸型标本上观察肾动脉、肾静脉的分布和肾盏（肾盂）的形态及相互关系。

4. 分离追踪观察输尿管的走向、位置及其在膀胱上的开口。

5. 观察膀胱的形态（膀胱顶、膀胱体、膀胱颈）、位置和固定以及与雌、雄性尿道的联系。

四、注意事项

1. 爱护标本。
2. 观察完毕，及时将标本用塑料薄膜包裹好放回原处，以防干燥。
3. 实习过程中保持安静，注意实验室的环境卫生。

五、思考题

1. 联系功能说明泌尿系统的组成。
2. 比较牛、马、猪肾的形态和构造特点。
3. 如何进行膀胱导尿?

六、作　业

1. 填图。
2. 扫描二维码，核对正误。

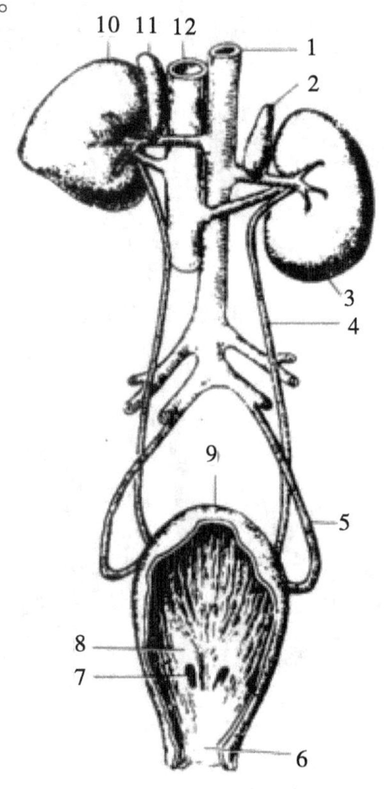

图 1　马的泌尿系统（腹侧面）

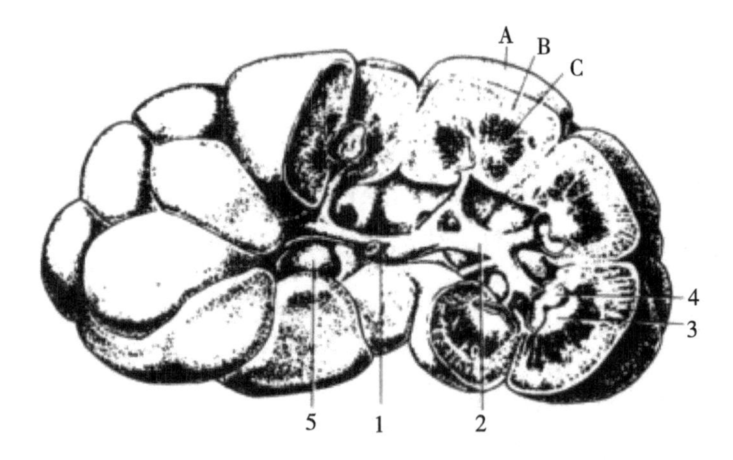

图2 牛肾（部分剖开）

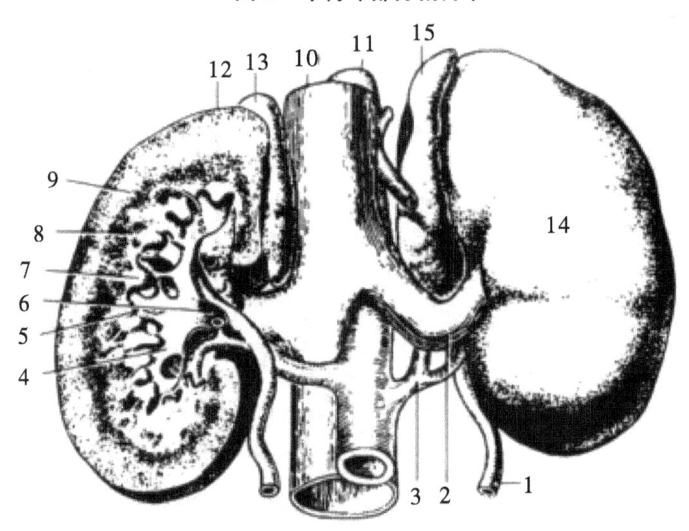

图3 猪肾（腹侧，右肾剖开）

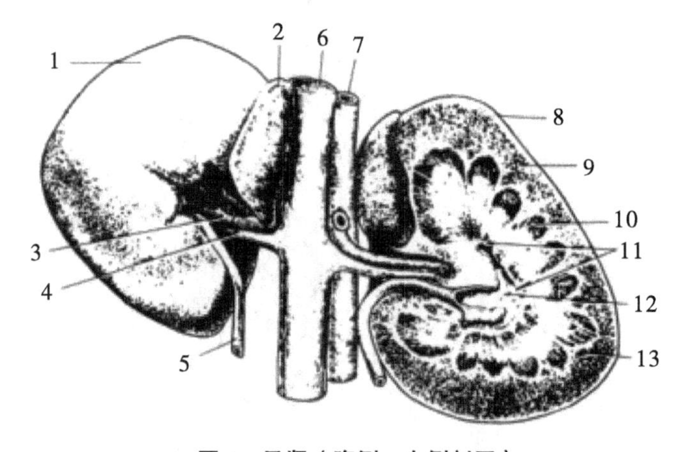

图4 马肾（腹侧，左侧剖开）

图 1　　图 2　　图 3　　图 4

实习十六　母畜生殖系统

一、目的要求

1. 掌握不同母畜生殖系统的组成及各器官的形态、结构和位置。

2. 掌握母马和母猪生殖器官的主要特征。

二、材　料

1. 母牛的生殖器官标本。

2. 母马、母猪的生殖器官标本。

3. 母畜骨盆腔器官模型（示生殖器官位置）。

三、内容与方法

1. 在模型上观察母畜生殖系统各器官的形态、位置和相互关系。

2. 在母牛生殖器官标本上观察卵巢、输卵管、子宫、阴道、尿生殖前庭和阴门的形态、构造。观察子宫阔韧带上卵巢动脉、子宫动脉的位置和分布。

3. 在母马生殖器官标本上比较观察，卵巢（排卵管窝）、输卵管、子宫（子宫角、子宫体、子宫颈阴道部）、阴道、尿生殖前庭（阴蒂）。

4. 在母猪生殖器官标本上比较观察各器官形态构造特点（卵巢、输卵管、子宫角、子宫颈）。

四、注意事项

1. 爱护标本。
2. 观察完毕，及时将标本用塑料薄膜包裹好放回原处，以防干燥。
3. 实习过程中保持安静，注意实验室的环境卫生。

五、思考题

1. 联系功能说明母牛生殖系统各器官的形态、位置、构造和相互关系。
2. 说明母马、母猪生殖系统各器官的主要特点。
3. 如何进行剖腹产？
4. 如何进行胚胎移植？

六、作　业

1. 填图。
2. 扫描二维码，核对正误。

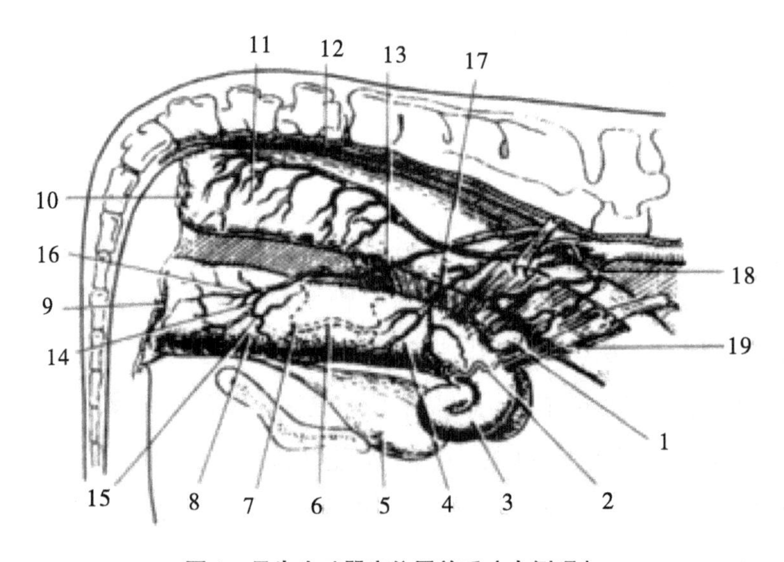

图 1　母牛生殖器官位置关系（右侧观）

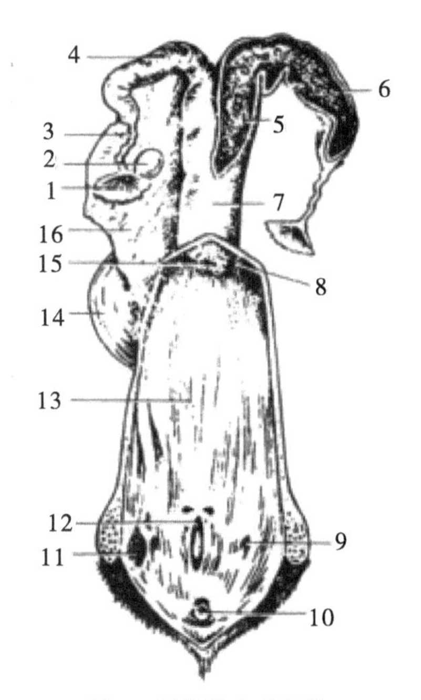

图 2　母牛的生殖系统

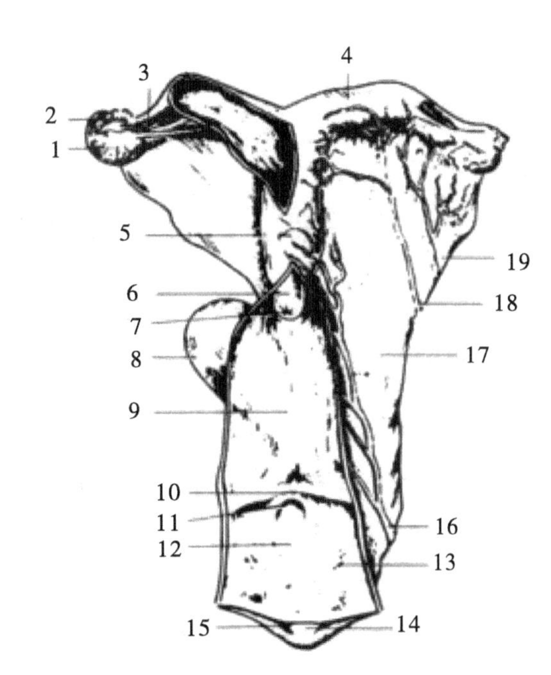

图 3　母马的生殖系统

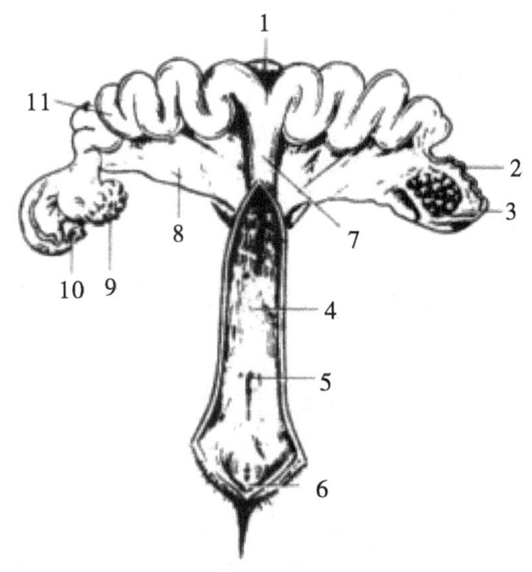

图 4　母猪的生殖系统

图 1

图 2

图 3

图 4

实习十七　公畜生殖系统

一、目的要求

1. 掌握公牛生殖系统的组成及各器官的形态、结构和位置。

2. 掌握公马、公猪生殖器官的主要解剖特征。

二、材　料

1. 公畜骨盆腔器官模型（示生殖器官位置）。

2. 公牛生殖器官标本。

3. 睾丸的纵切面标本。

4. 显示阴囊层次的标本。

5. 公马、公猪、公羊的生殖器官标本。

三、内容与方法

1. 在公畜骨盆腔器官模型上观察公畜生殖系统的组成、位置和相互关系。

2. 公牛的生殖系统。

（1）睾丸和附睾：观察睾丸和附睾的形态，在纵切面标本上观察睾丸和附睾的构造。

（2）输精管和精索：观察精索的组成及输精管的位置。

（3）尿生殖道骨盆部：观察与膀胱的关系，输精管壶腹、前列腺、精囊腺和尿道球腺的位置及开口。

（4）阴茎：观察阴茎的形态和构造。

（5）阴囊：观察阴囊各层构造及其与睾丸附睾的关系。

3. 比较观察公马的生殖器官，注意：睾丸长轴的方向、副性腺的形态、阴茎的形态和构造。

4. 比较观察公猪的生殖器官，注意：睾丸长轴的方向、阴囊的位置、副性腺的形态、阴茎头上的尿道突形态及包皮憩室。

四、注意事项

1. 爱护标本。
2. 观察完毕，及时将标本用塑料薄膜包裹好放回原处，以防干燥。
3. 实习过程中保持安静，注意实验室的环境卫生。

五、思考题

1. 公牛（公马）生殖系统由哪些器官组成？简述各器官的形态位置和构造。
2. 阴囊的构造及阴囊疝形成的解剖学机制。
3. 试比较牛、马、猪副性腺的形态。
4. 雄性动物如何进行去势？

六、作　业

1. 填图。
2. 扫描二维码，核对正误。

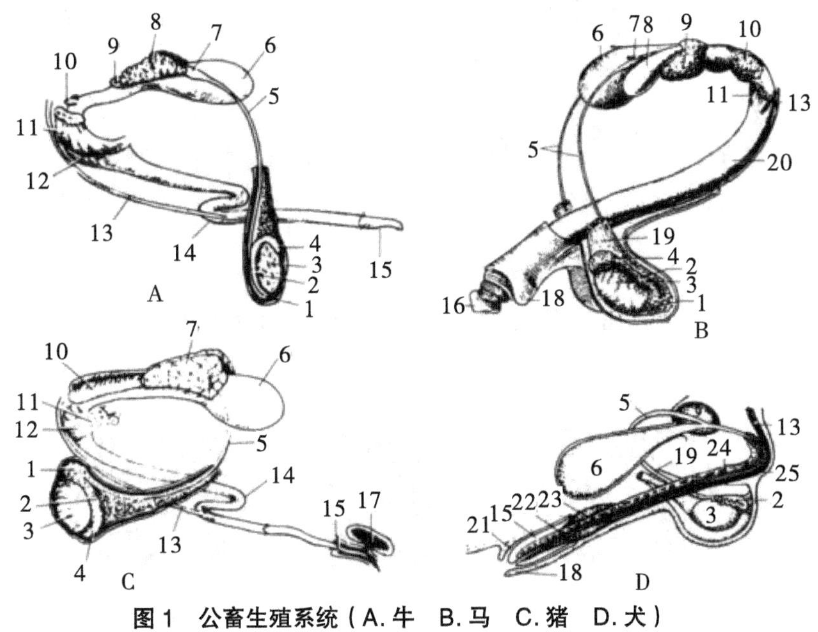

图 1　公畜生殖系统（A. 牛　B. 马　C. 猪　D. 犬）

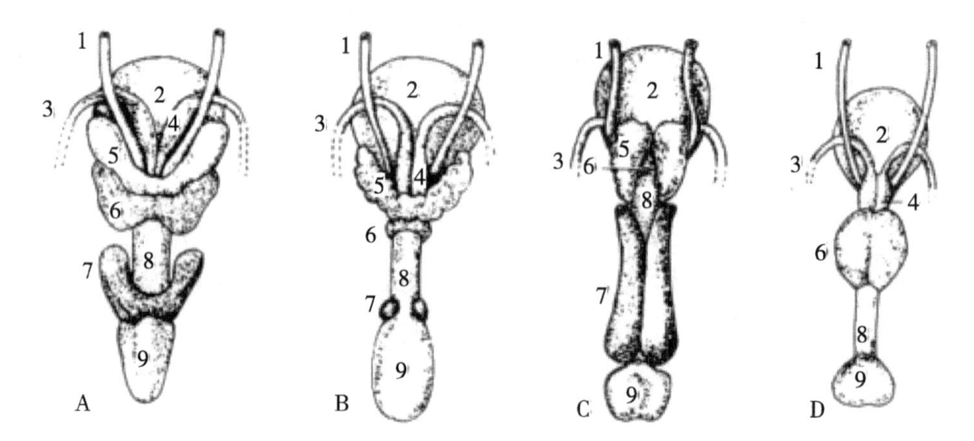

图 2　各种动物副性腺（A. 马；B. 牛；C. 猪；D. 犬）

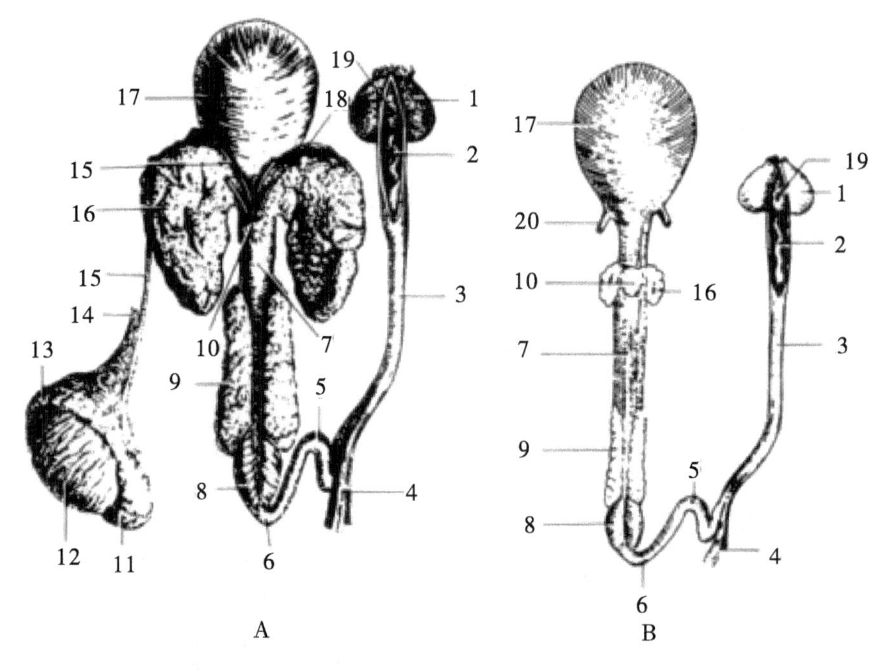

图 3　公猪生殖系统（A. 成年猪；B. 去势猪）

实习十八　心　脏

一、目的要求

1. 掌握心脏的位置及内部构造。

2. 了解心脏的形态及与周围血管的连接关系。

二、材　料

1. 显示心脏位置的胸腔标本或模型。

2. 牛或马心脏外形标本。

3. 心脏的各种切面标本。

4. 显示心传导系统的标本。

5. 心包标本。

三、内容与方法

1. 在胸腔标本上观察牛心脏的位置。第 2 肋间隙（或第 3 肋）和第 5 肋间隙（或第 6 肋）之间。

2. 观察心脏的外形。心包、心基、心尖、右心室缘、左心室缘、心耳面、心房面、左纵沟、右纵沟、冠状沟，注意心脏各室的外部分界，识别心基部的大血管。

3. 在心脏各种切面标本上观察，按右心房、右心室、左心房、左心室的顺序，观察心脏各室的构造，注意各部的入口、出口和瓣膜的形态构造。

4. 观察心脏的血管（前后腔静脉、肺静脉、肺动脉、主动脉）。

5. 观察心壁的构造，注意各室的厚薄与功能间的关系。

6. 观察心脏的传导系统（窦房结、房室结）。

四、注意事项

1. 爱护标本。

2. 观察完毕，及时将标本放回标本缸或用塑料薄膜包裹好放回原处，以防干燥。

3. 实习过程中保持安静，注意实验室的环境卫生。

五、思考题

1. 简述心脏的形态和位置。

2. 联系体循环、肺循环说明心脏各室的构造。

3. 怎样显示和观察牛的心脏传导系统?

六、作　业

1. 填图。

2. 扫描二维码，核对正误。

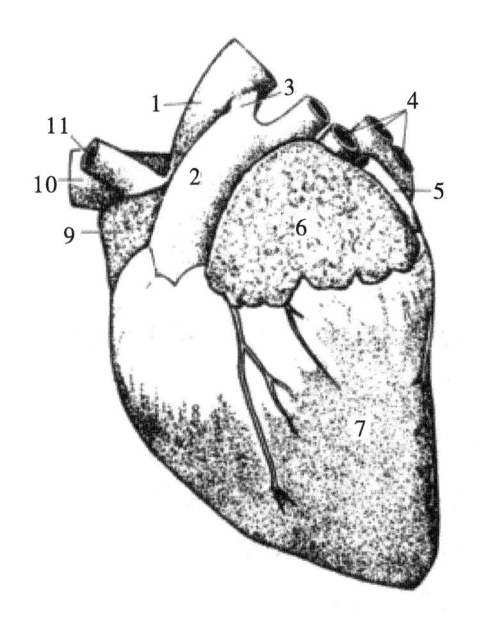

图1　牛心脏（左侧）

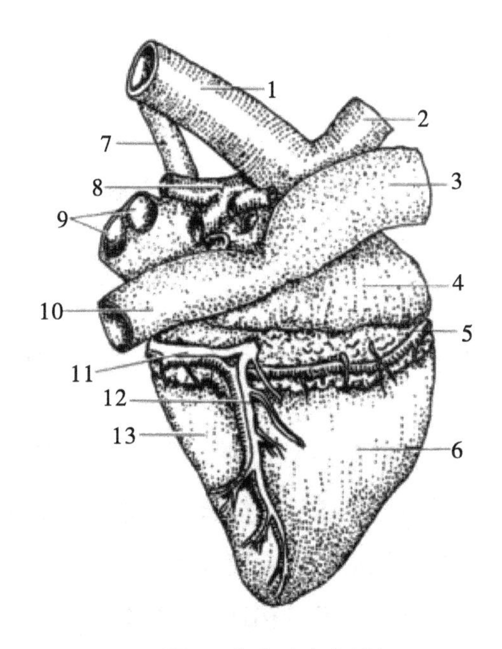

图2　牛心脏（右侧）

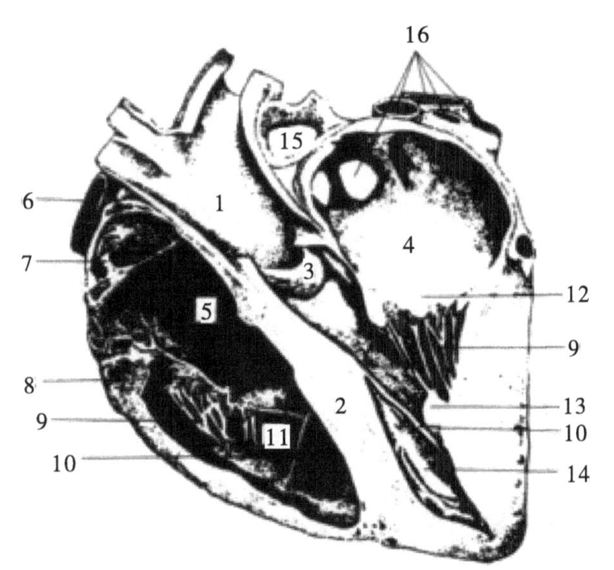

图 3 马心脏的纵剖面

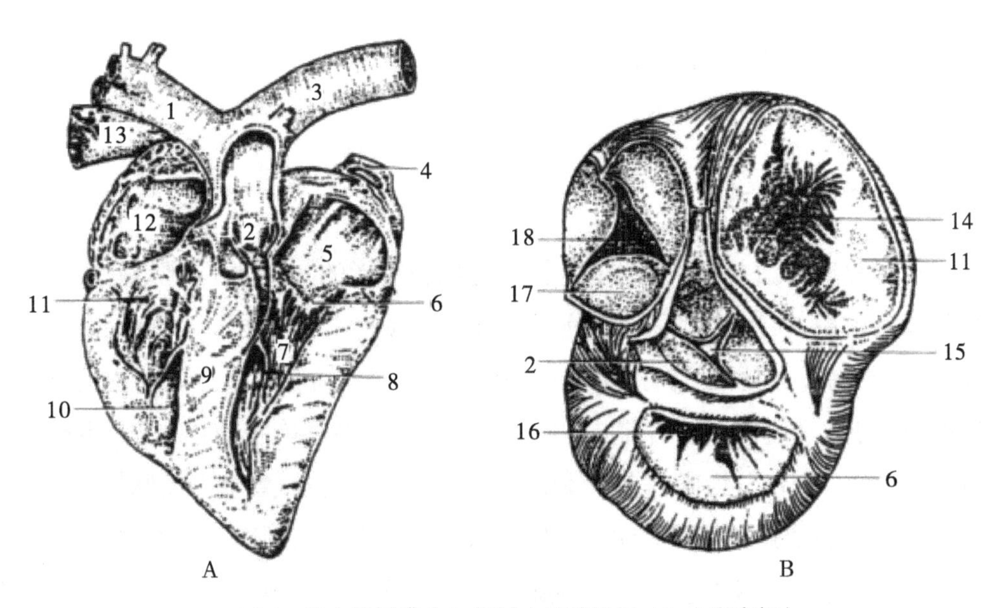

图 4 马心的瓣膜（A. 通过主动脉纵切；B. 心室底部）

图 1 图 2 图 3 图 4

实习十九　胸腔、头颈及前肢动脉

一、目的要求

1. 掌握胸腔主要动脉的走向和分支分布。

2. 掌握头部浅层动脉的走向。

3. 掌握前肢动脉主干的走向。

二、材　料

1. 牛或马全身血管标本。

2. 牛或马前肢血管标本。

三、内容与方法

1. 胸腔动脉。主动脉从左心室向上弯曲呈弓形的一段称主动脉弓，主动脉弓基部发出左、右冠状动脉，向前方分出臂头动脉总干（分布于头部和前肢动脉的主干）后，向后延伸称为胸主动脉。观察臂头动脉总干在胸腔内的分支，明确分布于头颈部和左、右前肢动脉主干的来源，观察胸主动脉的分支和分布。胸主动脉的分支可分为内脏支和体壁支（肋间动脉、支气管食管动脉）。

2. 头颈部动脉。由臂头动脉分出的双颈动脉干是头颈部动脉的主干。在胸前口处分为左、右颈总动脉，沿颈腹侧向前伸延，观察颈总动脉在颈部和头部的分支和分布。牛的颈动脉在其末端血管壁稍微膨大称为颈动脉窦；马的颈动脉在分叉处稍微膨大为颈动脉窦，在分叉处结缔组织中，有小的结节状结构，称颈动脉球或颈动脉体。

3. 前肢动脉。左、右前肢动脉的主干来自左、右锁骨下动脉主干的延续，称左、右腋动脉，观察前肢动脉主干和主要分支的分布情况（腋动脉、臂动脉、正中动脉、指总动脉）。

四、注意事项

1. 爱护标本，不要用力牵拉细小血管。

2. 观察完毕，及时将标本放回标本缸或用塑料薄膜包裹好放回原处，以防干燥。

3. 实习过程中保持安静，注意实验室的环境卫生。

五、思考题

1. 主动脉弓在胸腔内有哪些分支？

2. 双颈动脉干从哪个动脉分出？简述舌面干的分布。

3. 简述前肢动脉的来源，主干名称及主要分支分布情况。

4. 胸腔血管有哪些主要分支？

六、作　业

1. 填图。

2. 扫描二维码，核对正误。

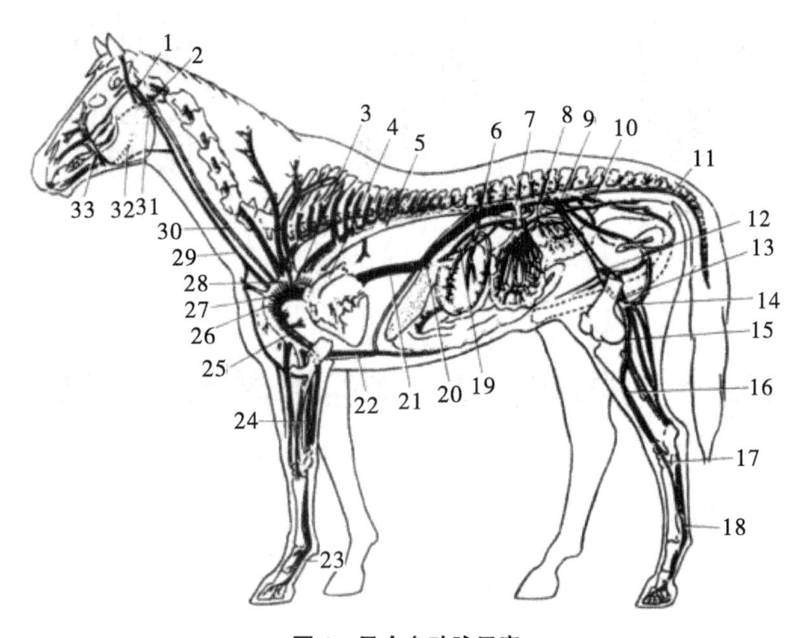

图 1　马全身动脉示意

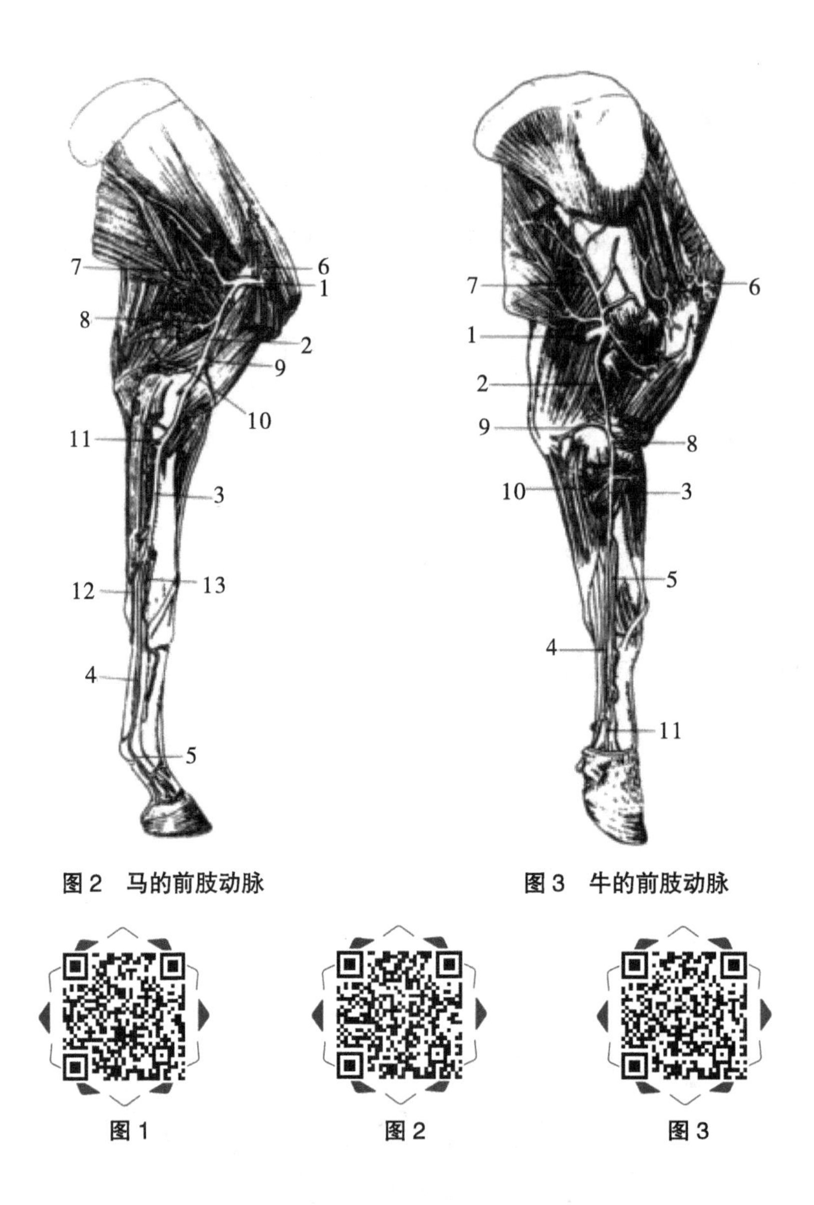

图2　马的前肢动脉　　　　图3　牛的前肢动脉

实习二十　腹腔腹壁、骨盆和尾部、后肢动脉

一、目的要求

1. 掌握腹腔主要动脉的走向和分支分布。

2. 掌握阴部内动脉，后肢动脉。

3. 掌握后肢动脉主干的走向。

二、材 料

1. 牛或马全身血管标本。
2. 牛或马显示血管的腹腔内脏标本。
3. 牛或马骨盆及后肢血管标本。

三、内容与方法

1. 腹腔动脉。腹主动脉是腹腔动脉的主干，是胸主动脉的延续，观察腹主动脉的分支（腹腔动脉、肠系膜前动脉、肾动脉、睾丸动脉或子宫卵巢动脉和肠系膜后动脉）及其在腹腔内脏上的分布。

2. 骨盆及尾部动脉。髂内动脉是骨盆及尾部动脉的主干，由腹主动脉末端成对分出，观察髂内动脉的分支及分布情况（脐动脉、髂腰动脉、臀前动脉、闭孔动脉、前列腺动脉或阴道内动脉、荐中动脉）。

3. 后肢动脉。髂外动脉是后肢动脉的主干，由腹主动脉在髂内动脉前方成对分出。观察髂外动脉，延续形成的后肢动脉主干及其分支和分布情况（股动脉、腘动脉、胫前动脉、跖背侧第 3 动脉、跖背侧第 3 总动脉和第 3、第 4 趾背侧固有动脉）。

四、注意事项

1. 爱护标本，不要用力牵拉细小血管。
2. 观察完毕，及时将标本放回标本缸或用塑料薄膜包裹好放回原处，以防干燥。
3. 实习过程中保持安静，注意实验室的环境卫生。

五、思考题

1. 简述牛（马）髂内动脉的分支和分布。
2. 说明后肢动脉的来源及主要分支和分布。
3. 腹腔血管有哪些主要分支?

4. 如何通过直肠触摸子宫动脉进行妊娠诊断?

六、作 业

1. 填图。

2. 扫描二维码，核对正误。

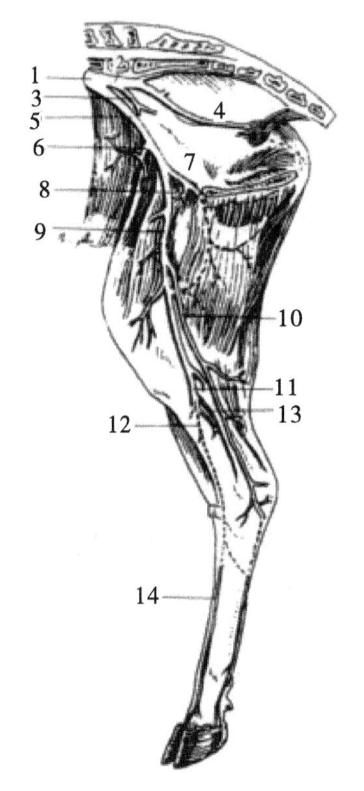

图1 牛的后肢动脉

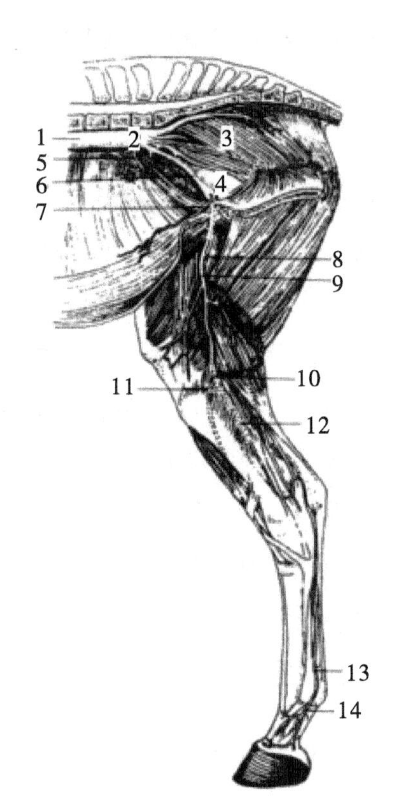

图2 马的后肢动脉

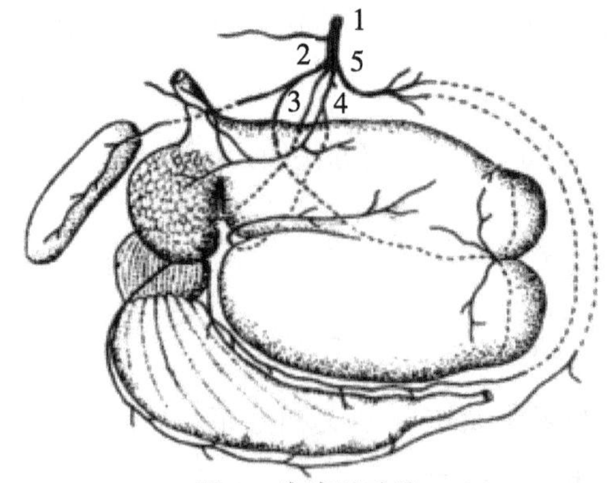

图3 牛腹腔动脉

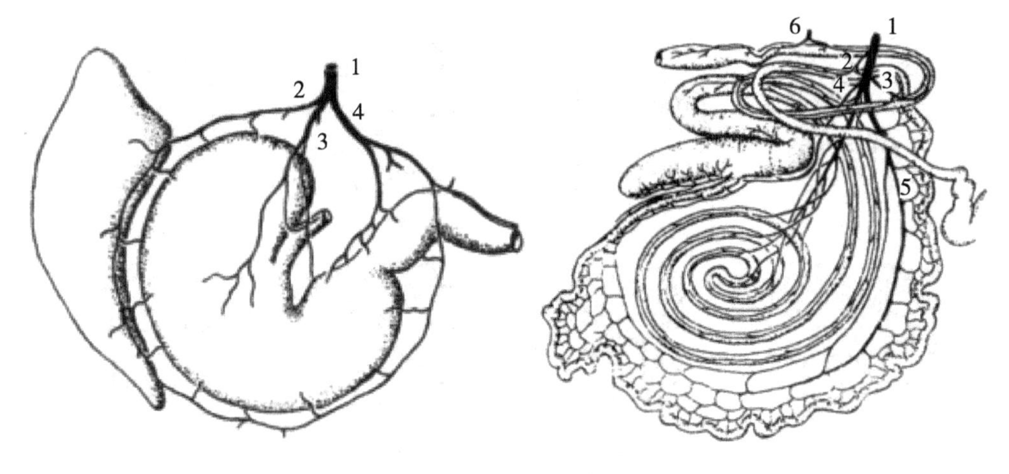

图 4 马腹腔动脉

图 5 牛肠系膜前、后动脉分布

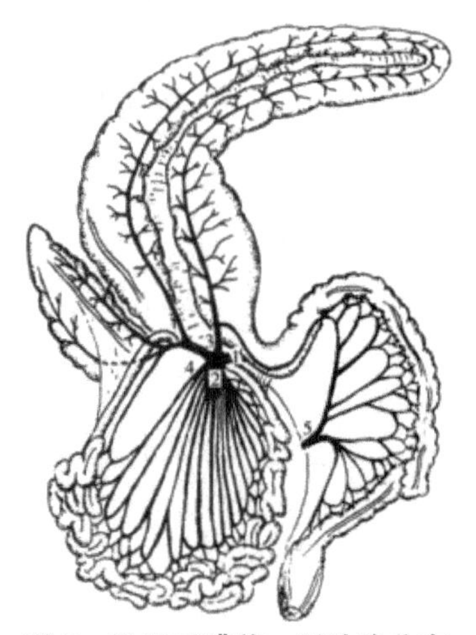

图 6 马肠系膜前、后动脉分布

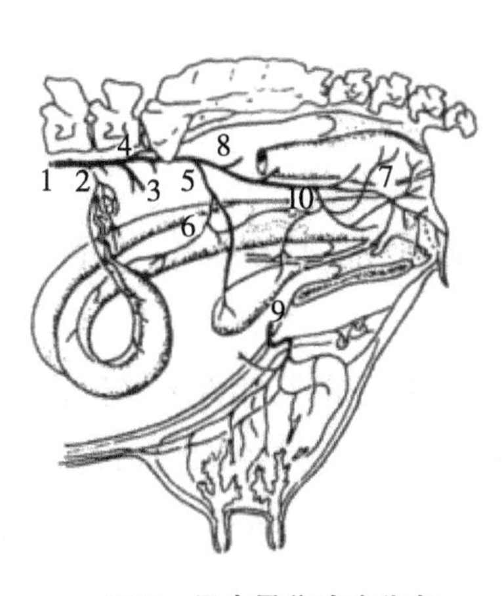

图 7 母牛骨盆动脉分布

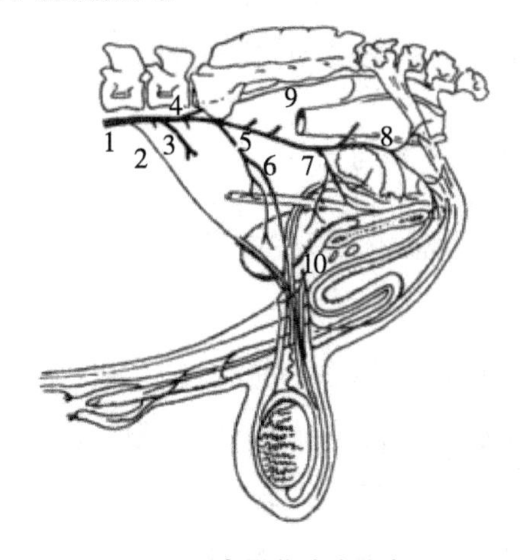

图 8 公牛骨盆动脉分布

实习二十一　全身静脉

一、目的要求

掌握体表浅静脉、门静脉。

二、材　料

1. 牛或马全身血管标本。
2. 牛或马前、后肢静脉。
3. 显示门静脉的内脏标本。

三、内容与方法

主要观察体循环的静脉，包括前腔静脉系、后腔静脉系、心静脉系和奇静脉系。

1. 前腔静脉系。前腔静脉主要汇集头、颈、前肢和部分胸壁静脉的血液。分别观察头颈部静脉和前腔静脉。注意观察与应用有关的浅静脉的位置。

2. 后腔静脉系。后腔静脉主要收集尾部、后肢、骨盆壁、骨盆腔器官、腹壁、腹腔器官和膈的静脉血。分别观察后腔静脉、门静脉、髂内静脉、髂外静脉。

3. 心静脉系。心静脉血通过心大静脉、心中静脉、心小静脉注入右心房。

4. 奇静脉系。收集部分胸壁和腹壁的静脉血，也接收气管、食管、部分脊柱及其上方组织的静脉血。牛为左奇静脉，马为右奇静脉。

四、注意事项

1. 爱护标本，不要用力牵拉细小血管。
2. 观察完毕，及时将标本用塑料薄膜包裹好放回原处，以防干燥。
3. 实习过程中保持安静，注意实验室的环境卫生。

五、思考题

1. 说明门静脉的组成和机能意义。
2. 指出颈静脉、臂头静脉、乳房静脉、眼角静脉和蹄静脉丛的位置。
3. 如何进行颈静脉注射和采血？
4. 如何在前肢和后肢进行静脉注射和采血？

六、作　业

1. 填图。
2. 扫描二维码，核对正误。

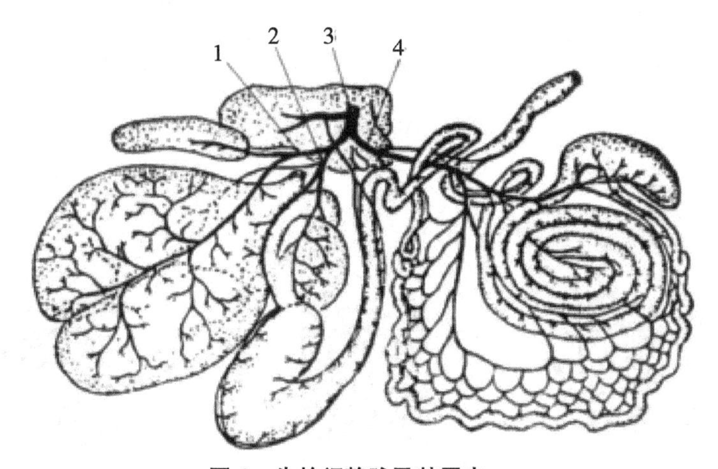

图 1　牛的门静脉及其属支

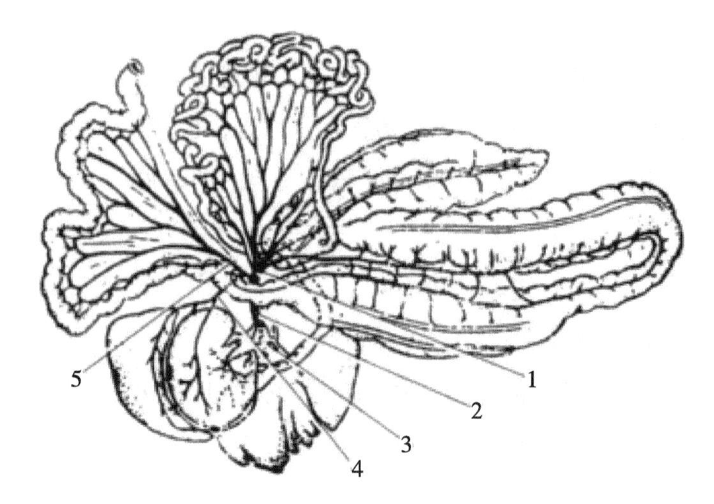

图 2　马的门静脉及其属支

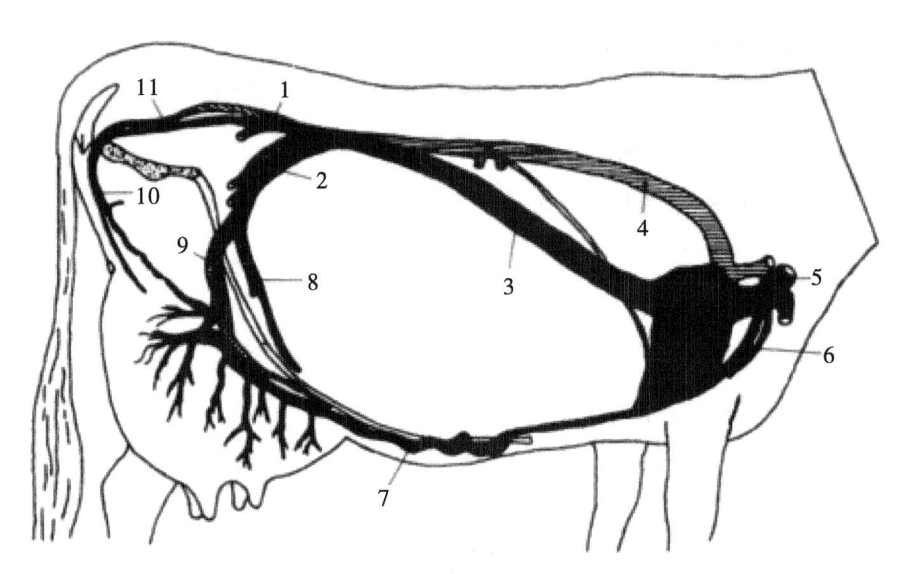

图 3　牛乳房血液循环示意

图 1

图 2

图 3

实习二十二　淋巴系统

一、目的要求

1. 掌握体表及内脏淋巴结。
2. 了解淋巴系统的组成和功能。
3. 了解主要淋巴管的分布。
4. 了解脾脏的形态和位置。

二、材　料

1. 活羊。
2. 解剖器械、注射器、针头、墨汁。
3. 显示脾脏和胸腺的模型或者挂图。

三、内容与方法

1. 右侧向上保定，常规颈总动脉放血、剥皮。

2. 观察体表浅淋巴结。下颌淋巴结、颈浅淋巴结、髂下淋巴结、乳房淋巴结（母羊），注意淋巴结的位置、大小、色泽、收集范围和引流方向。

3. 切除右侧胸壁。观察胸腔内淋巴结，注意纵隔淋巴结和支气管淋巴结的位置、大小和色泽。

4. 切开右侧腹壁，观察内脏淋巴结；腹腔淋巴结、肝淋巴结、脾淋巴结、空肠淋巴结、结肠淋巴结、盲肠淋巴结。

5. 用墨汁注射空肠壁和空肠淋巴结，边注射边用手按摩，观察淋巴管走向，并追踪观察肠淋巴干、乳糜池和胸导管。

6. 观察骨盆壁的淋巴结。髂内侧淋巴结，注意其位置、大小、色泽、收集范围和引流方向。

7. 观察前肢的腋淋巴结和后肢的腘淋巴结。

8. 脾脏。牛脾脏贴于瘤胃背囊左前方，呈长而扁的椭圆形，蓝紫色；马脾脏呈镰刀形，表面蓝紫色；猪脾脏：呈长带状，位于胃大弯的左后侧与膈之间。

9. 胸腺。为灰红色的小叶状腺体，其大小和结构随动物年龄不同而有极大变化，性成熟后逐渐萎缩。牛、猪胸腺：从胸前纵隔起始，分为左、右两半沿气管两侧，从颈部伸展到喉部；马胸腺：与牛相似，但颈部不发达。

四、注意事项

1. 细致追踪淋巴管走向和淋巴结分布。

2. 注射墨汁时，避免溢出。

五、思考题

1. 简述淋巴系统的组成和功能。

2. 说明下颌淋巴结、颈浅淋巴结、髂下淋巴结、髂内淋巴结的位置。

3. 简述乳糜池、胸导管的收集区域及流向。

4. 简述牛、猪胸腺和脾脏的形态位置。

六、作　业

1. 填图。

2. 扫描二维码，核对正误。

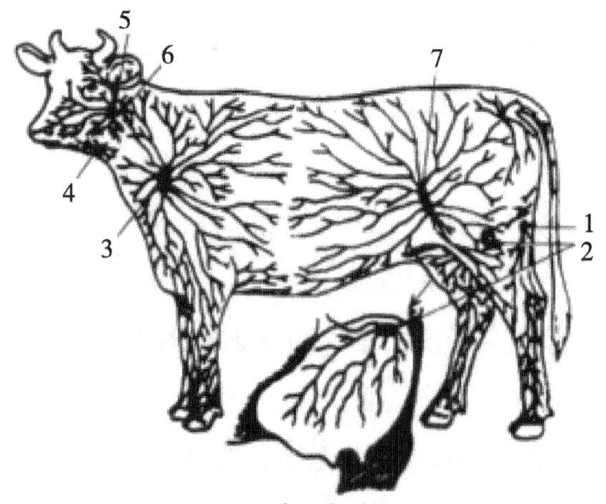

图 1　牛浅部主要淋巴结

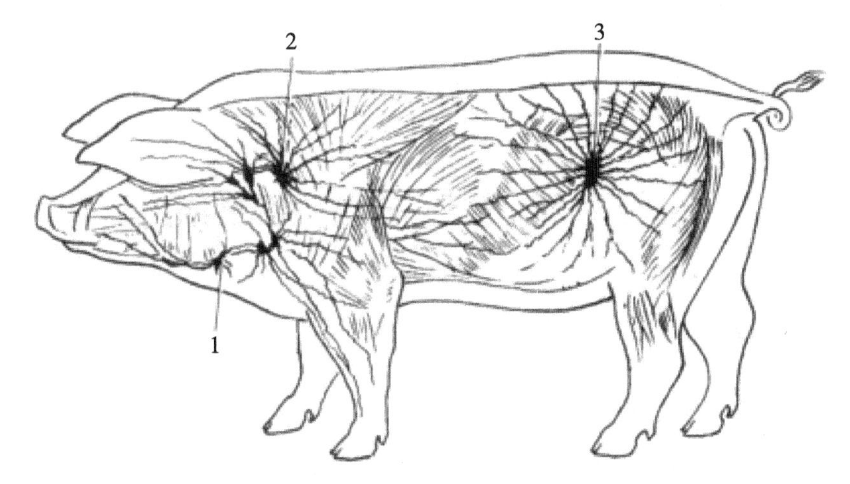

图2　猪浅部淋巴结

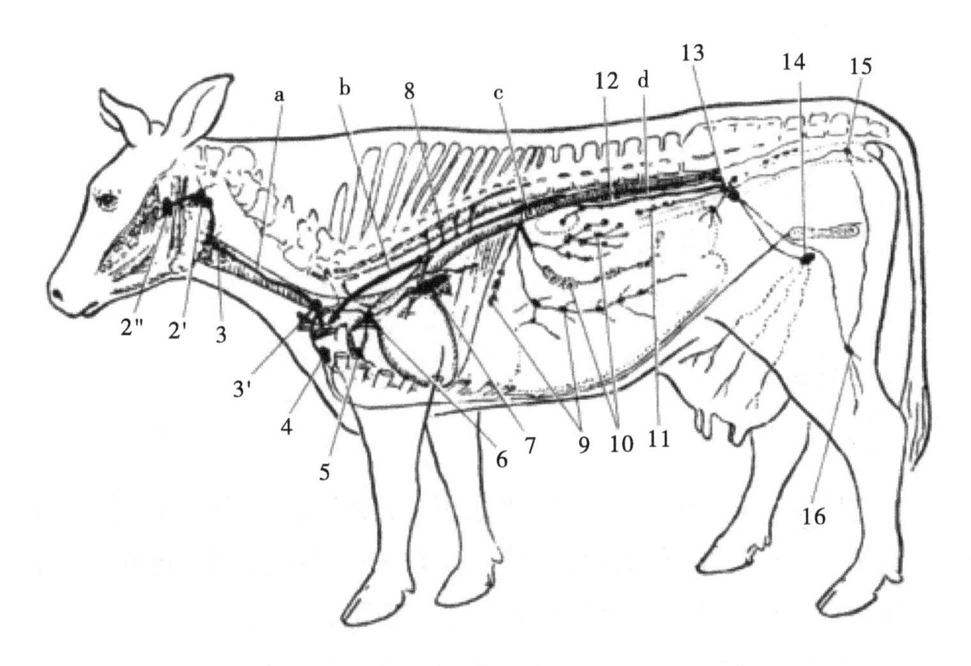

图3　牛深部淋巴结

图1

图2

图3

实习二十三　中枢神经系统

一、目的要求

1. 掌握脊髓形态、位置及构造。

2. 了解延髓、脑桥、中脑和间脑的形态构造。

3. 掌握大脑的形态、位置和被膜结构。

4. 掌握小脑的结构特点。

二、材　料

1. 牛或马的脑、脊髓全貌标本。

2. 脊髓不同节段横断面标本。

3. 脑正中矢状切面及暴露侧脑室及脑干的标本。

三、内容与方法

1. 脊髓。

（1）在脑脊髓全貌标本上观察脊髓的形态：颈膨大、腰膨大、脊髓圆锥、终丝、马尾；观察脊髓背侧的背正中沟、腹正中裂；观察脊髓两侧成对的脊神经。识别脑干（延髓、脑桥、中脑和间脑）、大脑和小脑。

（2）在脊髓横断面上区分中央灰质柱（背侧柱、腹侧柱、外侧柱）、中央灰质联合、中央管和白质（背侧索、外侧索和腹侧索）。

2. 大脑和小脑。

（1）大脑背侧：大脑正中有大脑裂，观察大脑半球表面的脑沟、脑回、额叶、顶叶、枕叶、颞叶和边缘叶。

（2）大脑腹侧：嗅球、嗅三角、梨状叶、视交叉、视束、灰结节、乳头体、大脑脚、三叉神经、斜方体、锥体、锥体交叉等。

（3）大脑正中矢面：胼胝体、扣带回。

（4）结构：大脑皮质、白质。侧脑室底壁前半部邻尾状核，后部邻海马，侧脑室脉络丛。

（5）小脑背侧：小脑中间的蚓部和左、右小脑半球。小脑与延髓相邻处可见第四脑室脉络丛。观察3对小脑脚与延髓、脑桥和中脑的联系。

（6）小脑正中矢面：观察小脑皮质（灰质）、白质（小脑髓树）和齿状核。

3.脑干。

（1）延髓：观察延髓的前、后界；背侧的绳状体、菱形窝；腹侧的锥体、橄榄体、斜方体，观察Ⅵ－Ⅻ对脑神经根。在延髓横断面上观察：薄束核、楔束核、网状结构、橄榄体。

（2）脑桥：观察背面的菱形窝、脑桥臂、腹面第Ⅴ对脑神经根。在脑桥断面上观察脑桥核、网状结构和锥体束。

（3）中脑：识别四迭体（前丘、后丘）、大脑脚和中脑导水管，观察脚间窝和第Ⅲ对脑神经的根。在中脑厚片标本上观察前丘或后丘核、红核和黑质。

（4）间脑：区分丘脑（外侧膝状体、内侧膝状体、丘脑中间块、第三脑室）、松果体和丘脑下部（视束及视交叉、灰结节、漏斗、垂体、乳头体）。

（5）观察侧脑室、第三脑室、中脑导水管和第四脑室。

脑的摘取：自动物枢椎处横断，将颅部肌肉及软组织清理干净，将头固定在手术台或由助手固定，沿下列6线锯开颅腔：①在两侧眶上突后一指连一横线；②沿额骨边缘，自上述横线起至顶骨两侧各做一水平线；③再由两角后方顶骨处做一横线；④从枕骨大孔两侧与第二横线汇合处连线。然后用骨钳除去额骨、顶骨和枕骨，如有未锯断处用小骨锯慢慢锯开。撬开颅顶时，用解剖刀分离脑硬膜。脑硬膜伸入两个大脑半球之间为大脑镰，伸入大脑半球与小脑之间为小脑幕。剪开硬膜，观察硬膜下腔、蛛网膜、蛛网膜下腔和软膜。取脑由后向前依次剪断各对脑神经根，仔细剥离垂体，切勿使漏斗柄断裂，最后切断嗅神经根，把嗅脑小心分离出来，即可将脑取出。

四、注意事项

1.爱护标本，脑和脊髓整体标本要轻拿轻放。

2. 观察完毕，及时将标本放回标本缸或用塑料薄膜包裹好放回原处，以防干燥。

五、思考题

1. 联系功能说明脊髓内部结构和脊神经根的组成。
2. 脑干包括哪几部分？简述延髓和脑桥的构造。
3. 简述中脑和间脑的形态、构造。
4. 联系机能说明大脑的形态、构造。
5. 联系机能说明小脑的形态、构造。
6. 从哪些方面观察脑的结构？主要解剖标志是什么？

六、作　业

1. 填图。
2. 扫描二维码，核对正误。

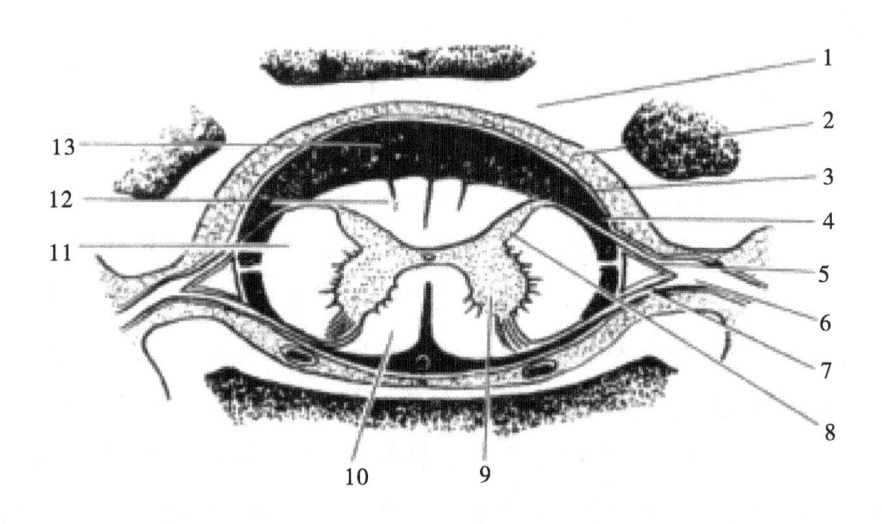

图 1　脊髓断面模式

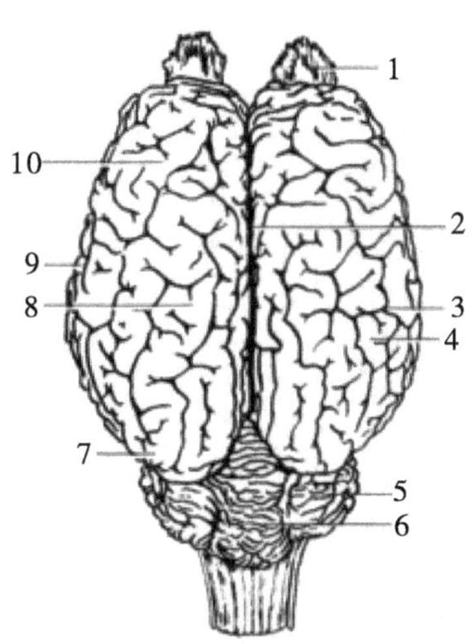

图2　马脑（背侧面）

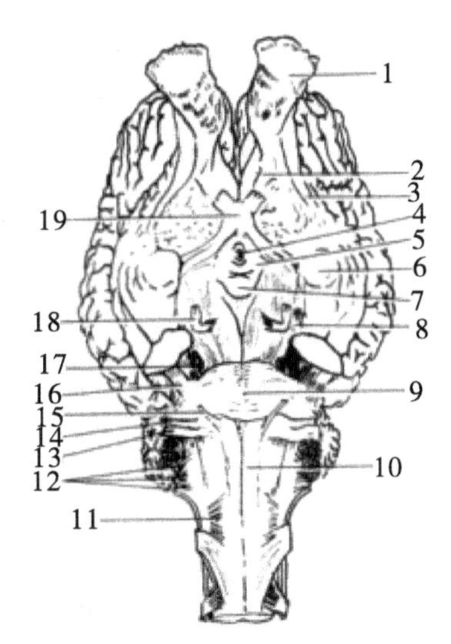

图3　马脑（腹侧面）

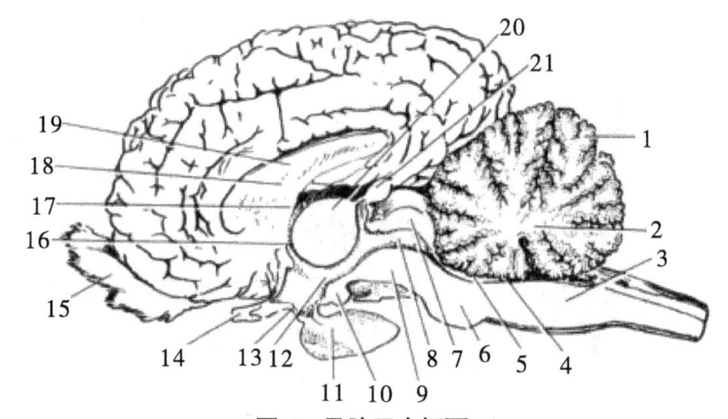

图4　马脑正中切面

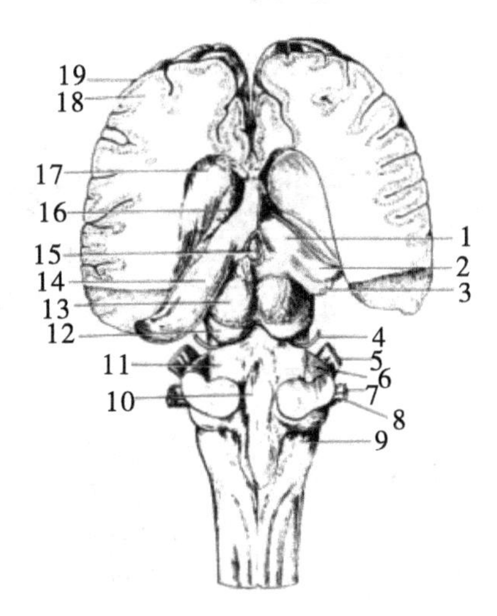

图5　马脑（剖除一部分）

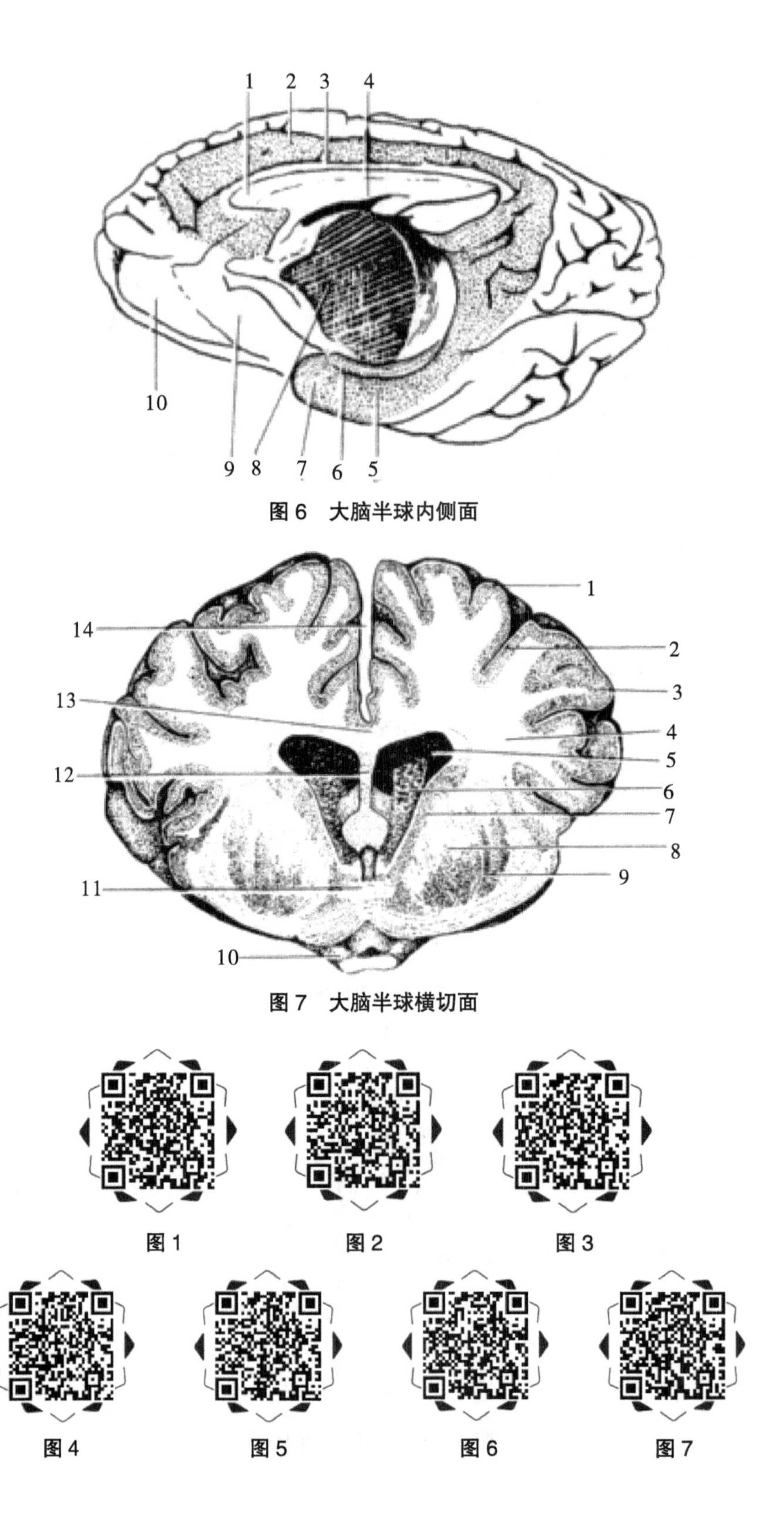

图 6　大脑半球内侧面

图 7　大脑半球横切面

实习二十四　脊神经

一、目的要求

1. 了解脊神经的分布规律。

2. 掌握颈胸部神经的主要分支。

3. 掌握前、后肢主要神经干的位置和分支分布。

4. 了解胸腰部脊神经的主要分支。

二、材　料

1. 马或牛显示神经分布的全身标本。

2. 马或牛前、后肢神经标本。

三、内容与方法

1. 脊神经。脊神经是由背侧根和腹侧根在椎间孔处合并而成，均为混合神经。按照发出部位分为颈神经、胸神经、腰神经、荐神经和尾神经。观察分布规律。

2. 颈神经腹侧支。观察其重要分支之一——膈神经的组成（第 5、第 6、第 7 颈神经腹侧支的部分分支合并形成）、走向及分布。

3. 胸神经的腹侧支。观察肋间神经、肋腹神经的走向及分布。

4. 腰神经的腹侧支。观察髂腹下神经、髂腹股沟神经、生殖股神经的组成、走向和分布。

5. 前肢的神经。来自臂神经丛，观察其组成（第 6、第 7、第 8 颈神经和第 1、第 2 胸神经的腹侧支构成）、走向及主要分支分布（胸肌神经、肩胛上神经、肩胛下神经、腋神经、桡神经、尺神经、正中神经）。

6. 后肢的神经。来自腰荐神经丛，观察其组成（第 4、第 5、第 6 腰神经和第 1、第 2 荐神经的腹侧支构成）、走向及主要分支分布（股神经、坐骨神经、闭孔神经、臀前神经、臀后神经）。

四、注意事项

1. 爱护标本，不要用力牵拉细小的神经。

2. 观察完毕，及时将标本放回标本缸或用塑料薄膜包裹好放回原处，以防干燥。

五、思考题

1. 简述前、后肢主要神经的分支分布情况。

2. 说明臂神经丛的组成及主要分支的分布。

3. 说明腰荐神经丛的组成及主要分支的分布。

六、作　业

1. 填图。

2. 扫描二维码，核对正误。

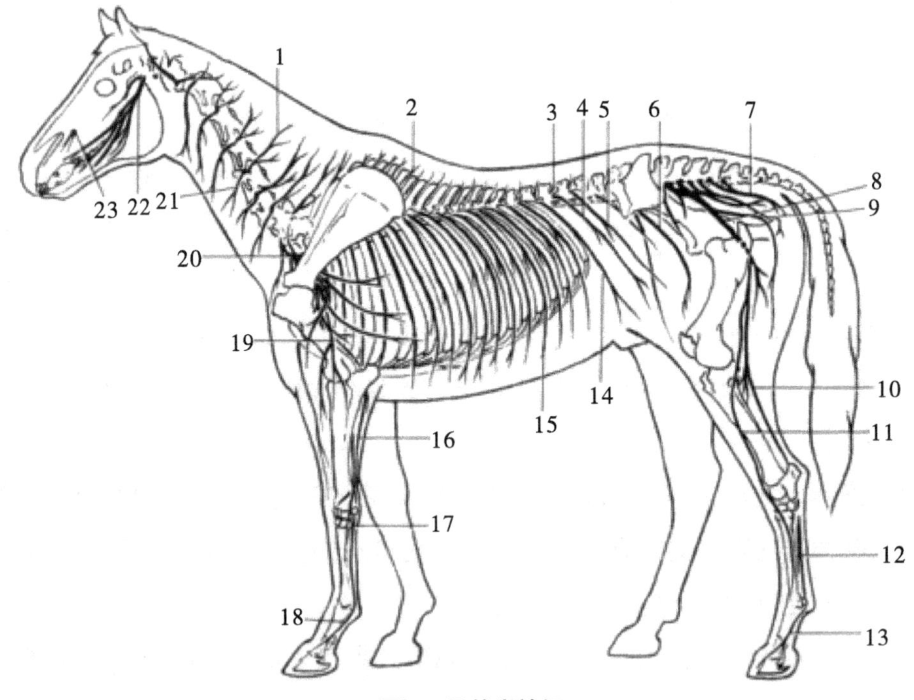

图 1　马的脊神经

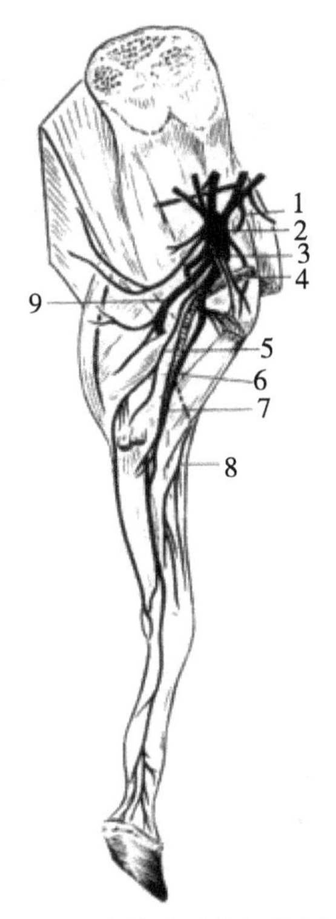

图 2　牛的前肢神经内侧面

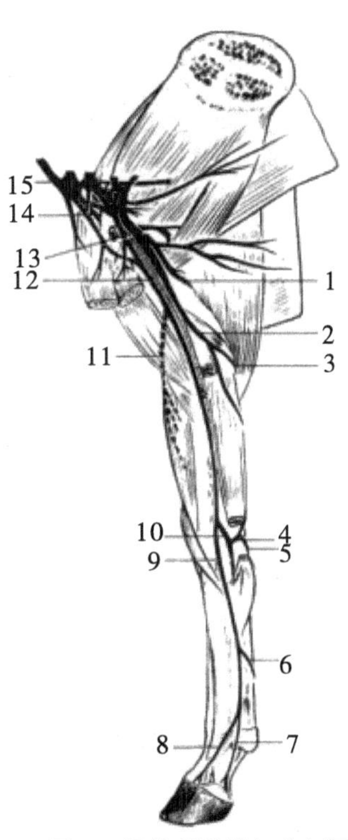

图 3　马的前肢神经内侧面

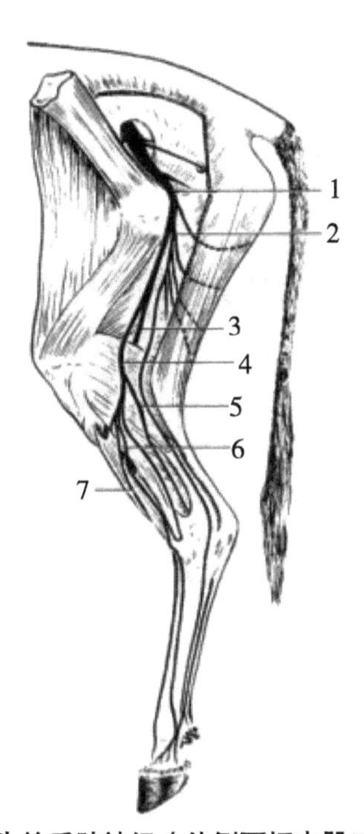

图 4　牛的后肢神经（外侧面切去股二头肌）

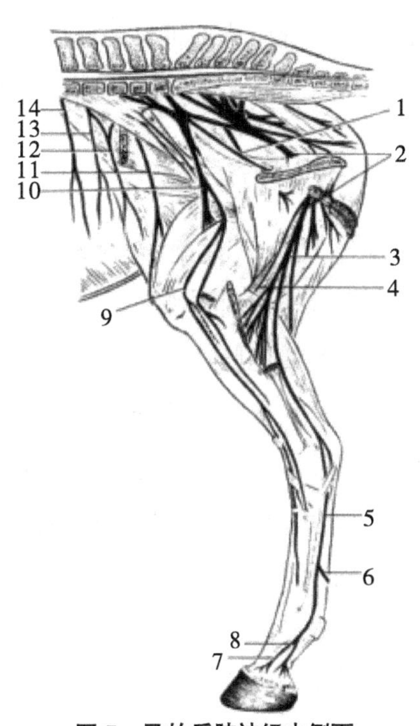

图 5　马的后肢神经内侧面

图 1　图 2　图 3　图 4　图 5

实习二十五　脑神经

一、目的要求

1. 了解脑神经的分支分布。

2. 掌握头、面部浅表神经的走向、分布及体表投影。

二、材　料

1. 牛或马显示头部神经的浅层标本。

2. 牛或马显示头部神经的深层标本。

三、内容与方法

脑神经 12 对，根据所含神经纤维的性质，分为感觉性的脑神经、运动性的脑神经和混合性的脑神经。

1. 感觉性质的脑神经。

（1）嗅神经（Ⅰ）的分支和分布。

（2）视神经（Ⅱ）的分支和分布。

（3）前庭耳蜗神经（Ⅷ）的分支和分布。

2. 运动性质的脑神经。

（1）动眼神经（Ⅲ）的分支和分布。

（2）滑车神经（Ⅳ）的分支和分布。

（3）外展神经（Ⅵ）的分支和分布。

（4）副神经（Ⅺ）的分支和分布。

（5）舌下神经（Ⅻ）的分支和分布。

3. 混合性神经。

（1）三叉神经（Ⅴ）的分支和分布。

（2）面神经（Ⅶ）的分支和分布。

（3）舌咽神经（Ⅸ）的分支和分布。

（4）迷走神经（Ⅹ）的分支和分布。

四、注意事项

1. 爱护标本，不要用力牵拉细小的神经。

2. 观察完毕，及时将标本放回标本缸或用塑料薄膜包裹好放回原处，以防干燥。

五、思考题

1. 说明面神经的分支和分布。

2. 有哪几条神经分布于舌？说明它们各自的性质。

3. 眼部有哪些脑神经分布？各属何种性质。

4. 简述三叉神经的分支和分布。

六、作　业

1. 填图。

2. 扫描二维码，核对正误。

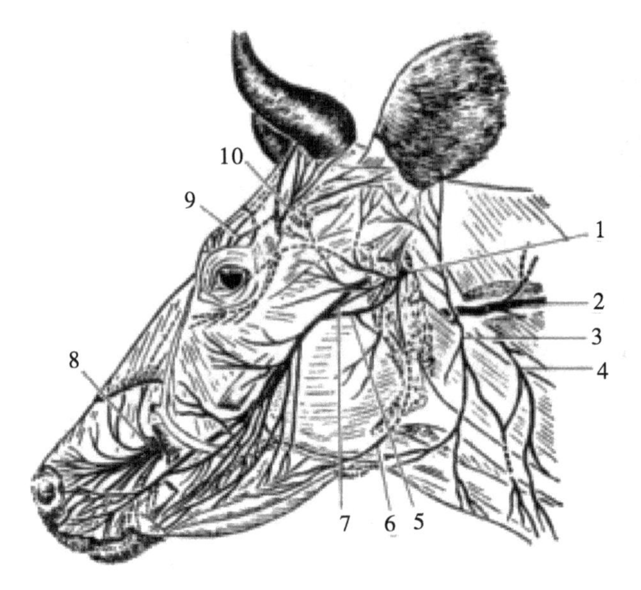

图 1　牛头浅层神经

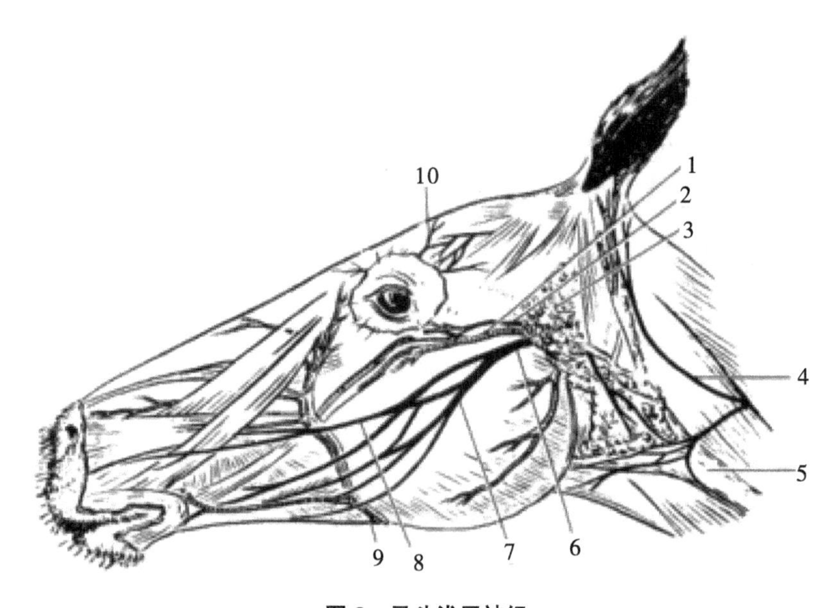

图 2　马头浅层神经

图 1

图 2

实习二十六　植物性神经

一、目的要求

1. 了解植物性神经的分布规律。
2. 掌握交感神经和副交感神经的结构特征。

二、材　料

1. 马或牛显示植物性神经分布的标本。
2. 植物性神经模式图及模型。

三、内容与方法

1. 交感系。

（1）交感神经干：位于脊柱两侧，节前纤维来自胸、腰部脊髓的外侧柱，沿腹侧根出椎间孔。经白交通支沿脊柱两侧前后伸延。观察颈部、胸部、腰部和荐尾部交感干；观察椎神经节的分布及其发出的节后纤维，经灰交通支混入脊神经的情况。

（2）观察颈前神经节、颈胸（星状）神经节、腹腔肠系膜前神经节、肠系膜后神经节、节前纤维的来源及节后纤维分布情况。

2. 副交感系。

（1）观察迷走神经的行程、分支和分布情况。

（2）观察荐部副交感神经：盆神经、盆神经丝分布情况。

四、注意事项

1. 爱护标本，不要用力牵拉细小的神经。
2. 观察完毕，及时将标本放回标本缸或用塑料薄膜包裹好放回原处，以防干燥。

五、思考题

1. 指出心，肺、肝、胃、小肠、膀胱各器官交感神经和副交感神经的来源。
2. 简述迷走神经的行程和分布。

六、作　业

1. 填图。
2. 扫描二维码，核对正误。

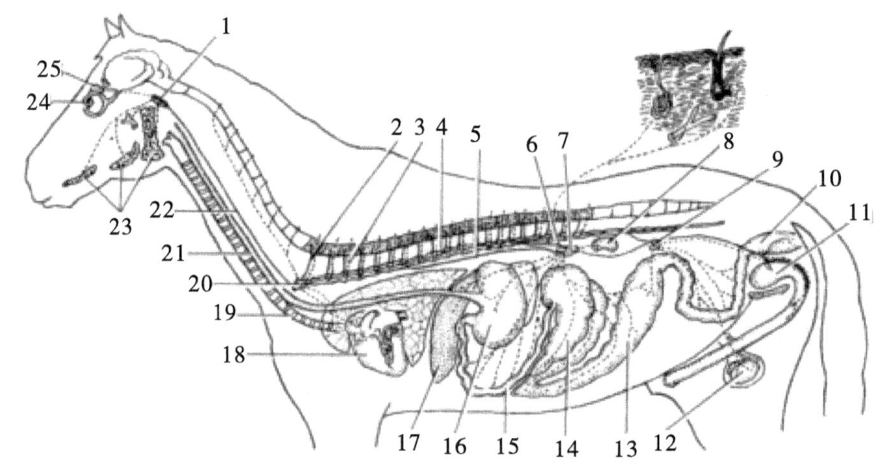

图 1　交感神经分布

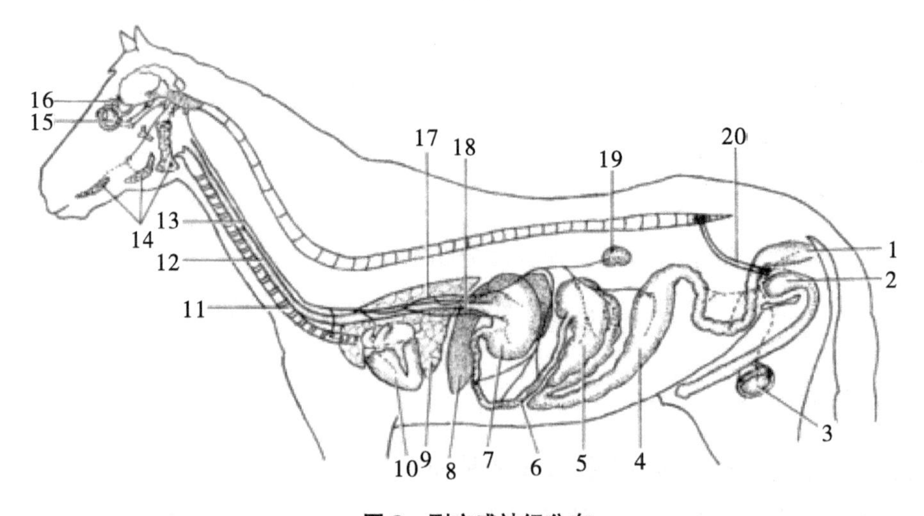

图 2　副交感神经分布

图 1

图 2

实习二十七　感觉器官的形态构造

一、目的要求

1. 掌握眼睛的构造。
2. 了解耳的构造。
3. 了解眼辅助装置的构造特点。

二、材　料

1. 眼的模型。
2. 牛或马的眼浸制标本。
3. 耳的模型。
4. 耳的透明标本或铸型标本、听小骨标本。

三、内容与方法

1. 眼的观察。在眼球模型上观察眼球壁和内容物。

（1）眼球壁：从外向内依次观察纤维膜（角膜、巩膜）、血管膜（脉络膜、睫状体、虹膜）和视网膜。

（2）内容物：包括眼房水、晶状体和玻璃体，观察它们的形态、位置及其与眼球壁的关系。

（3）观察眼的辅助器官：眼睑、泪器、眼球肌和眶骨膜。

2. 耳的观察。

（1）外耳：识别耳郭、外耳道和鼓膜。

（2）中耳：观察鼓室和听小骨形成的听骨链，注意与外耳的鼓膜和内耳的前庭窗、蜗窗的关系。观察咽鼓管的开口。

（3）内耳：联系听觉和平衡觉，观察前庭、半规管和耳蜗，区分骨迷路和膜迷路。

四、注意事项

1. 爱护标本，要轻拿轻放。
2. 保持实验场所安静、干净。

五、思考题

1. 光线是通过哪些结构到达视网膜?
2. 简述听觉的传导路径。
3. 眼的辅助器官有哪些? 各有何机能?

六、作　业

1. 填图。
2. 扫描二维码，核对正误。

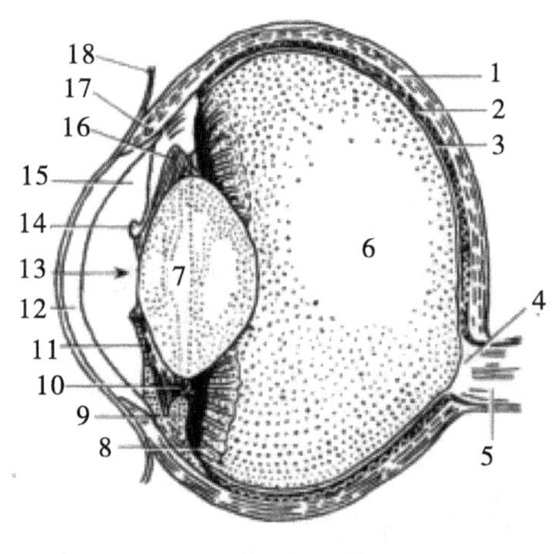

图 1　眼球纵切面模式

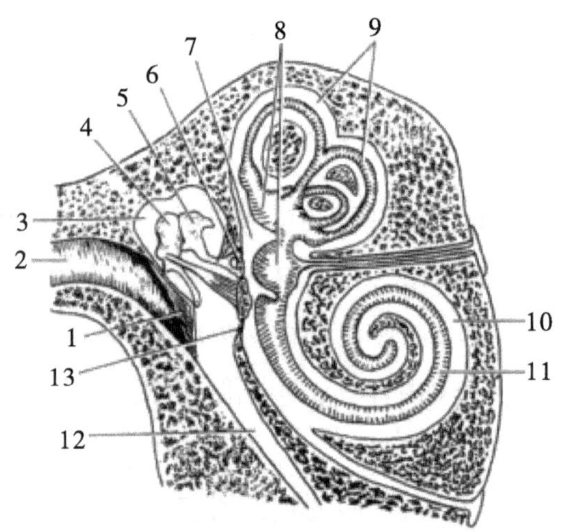

图 2　耳的构造模式

图 1

图 2

实习二十八　家禽内脏的解剖特征

一、目的要求

1. 掌握家禽消化、呼吸、泌尿、生殖系统的形态构造。
2. 了解其他系统的器官组成。
3. 了解家禽适应飞翔的解剖学特征。
4. 掌握禽类解剖的基本方法和技能。

二、材　料

1. 活鸡或活鸭。
2. 解剖器械（刀、剪、镊、肋骨剪、细玻璃管、结扎线）。
3. 水桶、大盆。

三、内容与方法

1. 观察禽的外形。注意羽毛的形态、分布。头部观察冠、肉髯、耳叶，识别脚部鳞片、距和爪等。

2. 禽的宰杀和褪毛。颈动脉或桥静脉放血致死。用热水退毛，观察皮肤的羽区和裸区以及喙和爪上的角质套。

3. 剖开体腔，观察胸肌。将鸡仰卧固定，由喙的腹侧沿正中线向后至肛门剪开皮肤，并向两侧剥离（避免损伤嗉囊）。观察发达的胸肌，并沿龙骨两侧切开胸大肌和其深层的胸小肌，自龙骨后端至肛门剖开腹壁；再小心用骨剪沿胸骨两侧向前剪至锁骨，注意不要损伤气囊。揭起胸骨后端，小心分离其与心肝之间的连结，并向上翻转胸骨向前方，即暴露胸、腹腔脏器。

4. 呼吸器官的观察。从一侧口角剪开口腔，观察口腔内部结构。将玻璃管从喉口插入气管，慢慢吹气使之膨胀鼓起，然后用线扎紧。观察气囊（颈气囊、锁骨间气囊、前胸气囊、后胸气囊、腹气囊）。注意与肺的关系。观察心脏、鸣管。

5. 消化器官的观察。钝性分离食管、嗉囊，摘出全部消化系统，观察嗉囊、腺胃、肌胃、小肠、大肠和肝、胰等各器官的形态、大小、位置及毗邻关系。

6. 泌尿生殖器官的观察。

（1）泌尿器官：观察肾的形状、色泽和质地；注意输尿管的形态、位置和走向。

（2）雄性生殖器官：睾丸、附睾和输精管的形态、位置。

（3）雌性生殖器官：在左肾的前部观察卵巢，注意其表面不同发育时期的卵泡。在腹腔左侧识别输卵管（注意仅左侧发育）的形态位置，注意区分漏斗部、膨大部、峡部、子宫部、阴道部。

（4）观察泄殖腔：区分粪道、泄殖道和肛道，观察泄殖道内输尿管和输精管（或输卵管）的开口。观察腔上囊（幼禽）。

四、注意事项

1. 爱护标本，鸡整体骨骼标本容易损坏，要轻拿轻放。

2. 注意安全，防止刀、剪、骨钳等伤人。

3. 保持实验场所安静、干净。

五、思考题

1. 简述禽消化系统的构造特点。

2. 简述禽呼吸和泌尿系统的构造特点。

3. 联系机能说明母禽生殖器官的构造特点。

4. 说明公禽生殖器官的构造特点。

六、作 业

1. 填图。

2. 扫描二维码，核对正误。

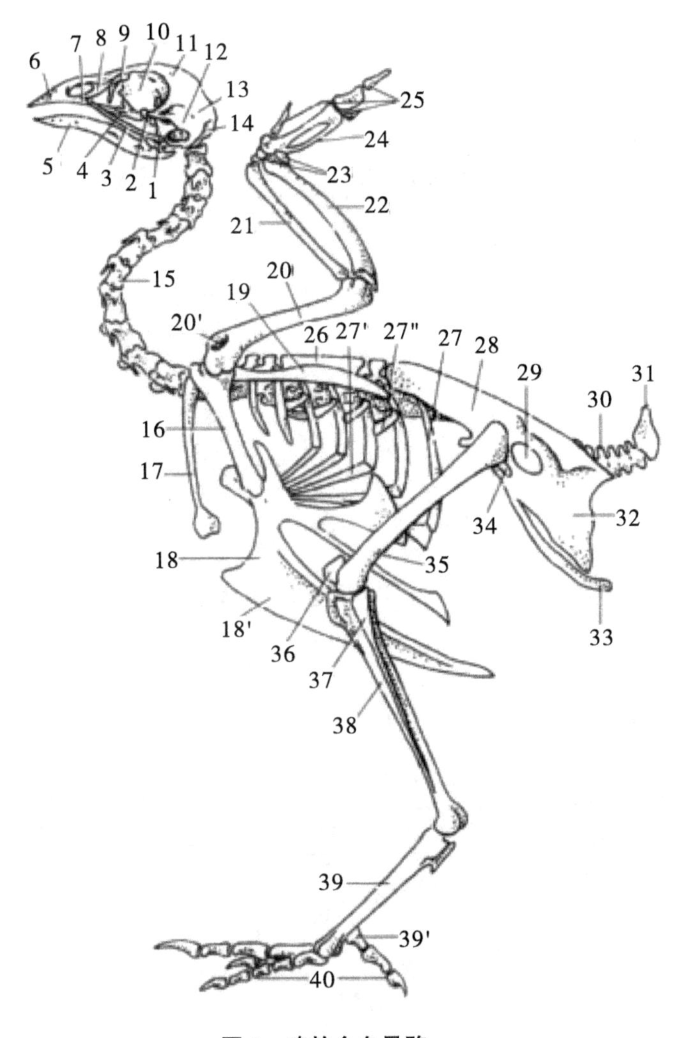

图 1 鸡的全身骨骼

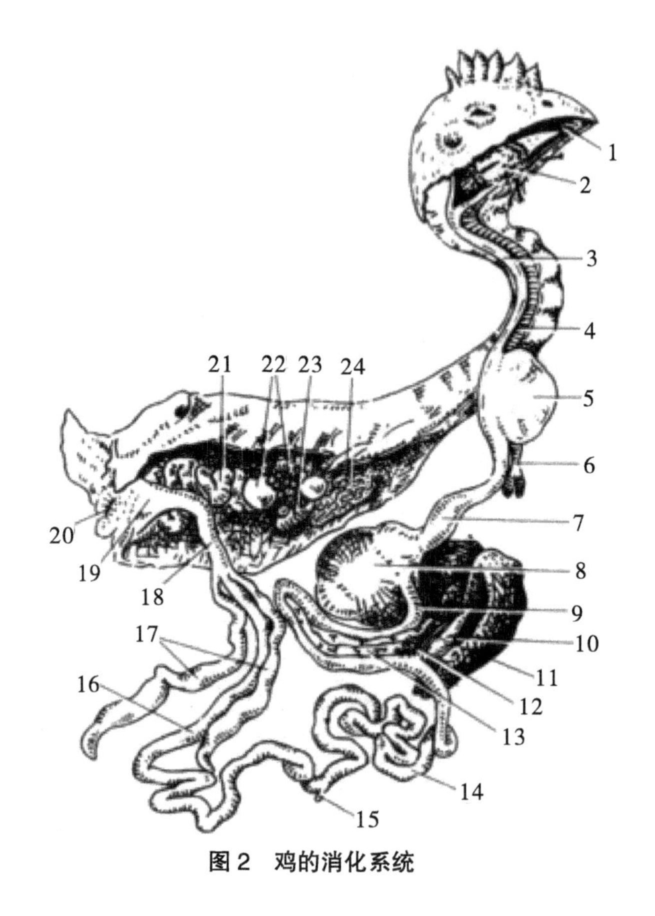

图 2　鸡的消化系统

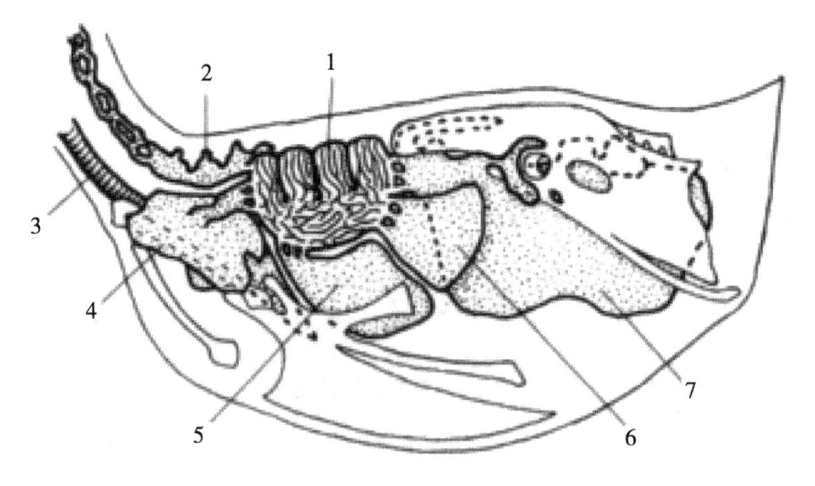

图 3　禽气囊分布

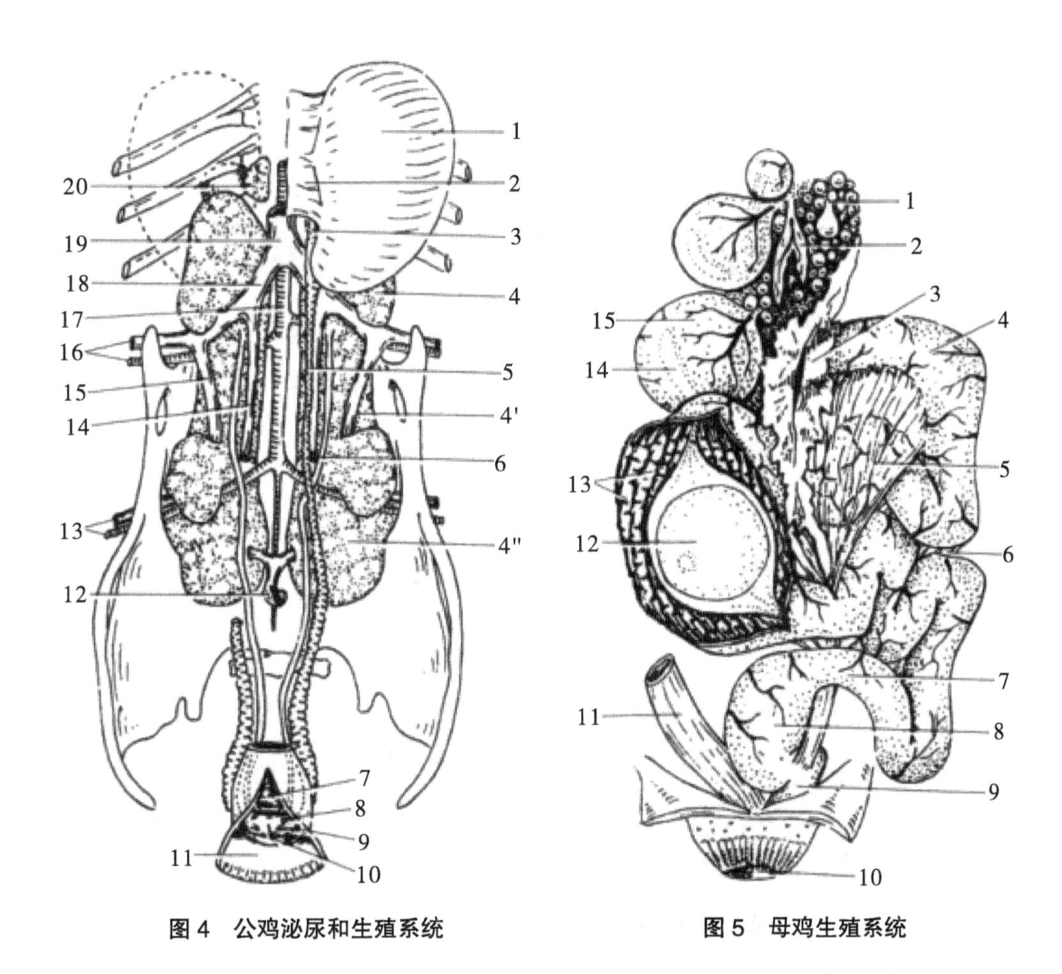

图4　公鸡泌尿和生殖系统

图5　母鸡生殖系统

图1　图2　图3

图4　图5

第二部分　组织学切片的制作

实习一　涂片的制作

一、血液涂片的制作

（一）实习目的与要求

1. 掌握动物血液涂片的制作原理及制作过程。

2. 掌握实验室基本仪器的操作及实验室的日常管理。

（二）实习重点与难点

1. 重点：血液涂片的制作过程。

2. 难点：涂片的基本操作要领。

（三）实习材料和器材

实验动物、载玻片、盖玻片、染色缸、光学树胶、瑞氏料液。

（四）实习具体内容

1. 采血。采血之前先揉搓采血部位，家畜可选用耳尖部，人可选用耳垂或指尖，使之血流旺盛，用酒精消毒皮肤，待干。以左手拇指或食指夹持局部，再用酒精消毒过的刺血针刺之，血液自然流出，若血流不畅，可轻轻挤压。

2. 涂片。沾一滴血于干净的载玻片右端，另用一载玻片作为推片之用。将此推片的末端斜置于第一块载玻片上的血滴左端，呈 30° ~ 40° 角。将推片稍后退，使之与血滴接触，这样血液即向推片末端的两边伸展，并在两载玻片之间斜角中充满，此时把推片向前推动，血液随推片而行，就成了血涂片。

3. 染色：多采用滴染法。

（1）瑞氏染色程序：

① 将涂片置于染色架上，划出染色范围。

② 在涂片上滴加 10~15 滴染液，固定、染色 1~3min。

③ 滴加与染液等量的蒸馏水或缓冲液，边加边摇动玻片使之快速混匀。时间 2~4min，不得超过 6min。

④ 用蒸馏水或缓冲液冲去染液，将滤纸放在涂片上用手轻压，吸去水分，甩干即可。

⑤ 中性树胶封片，也可不加胶封盖。

（2）吉姆萨染色程序：

① 涂片用甲醇（优级纯）或乙醚 – 乙醇混合液固定 3~5min。

② 吉姆萨稀释液染色 15~30min 或更久，如标本数量较多可用染色缸浸染。

③ 蒸馏水速洗，缓冲液或蒸馏水分色。

④ 用滤纸压吸水分后甩干。

⑤ 用油镜镜检后加中性树胶及盖片封片。

染色结果：红细胞呈橘红色；中性粒细胞颗粒呈浅紫红色，细胞核呈深蓝色；嗜酸性粒细胞颗粒呈红色至橘红色，细胞核呈蓝色；嗜碱性细胞颗粒呈深紫色，细胞核呈红紫色或深蓝色；淋巴细胞细胞质呈天蓝色，细胞核呈深紫蓝色；单核细胞细胞质呈灰蓝色，细胞核呈紫蓝色；血小板颗粒呈紫色至红紫色。不同动物细胞的形态和染色特性存在差异，应在观察时注意识别。

（3）注意事项：推片时应保持一定的速度和两片间的角度，要连续推进，不要中断。血片的厚薄，可由血滴的大小、推片速度和两片之间的角度大小来调节。血滴小，推进速度慢，推片角度小，则涂片薄；反之则厚，厚的涂片适用于做白细胞分类，因为容易找到白细胞。

二、骨髓涂片的制作

用钳子压挤含红骨髓的肋骨或长骨，将挤出的骨髓加入血清 10 倍稀释，搅拌均匀后，按血涂片方法涂片。如不能涂薄或涂不均匀时，可用两张载玻片将骨髓滴轻轻按压后再抹涂成薄膜。涂片时只能向一个方向涂抹，不能来回反复。

实习二　石蜡切片的制作

一、实习目的与要求

1. 掌握动物石蜡切片的制作原理及制作流程。

2. 理解常见染色方法的原理。

3. 掌握轮式切片机的基本操作。

4. 了解实验室的日常管理。

5. 培养学生团结协作精神和严谨的科研作风。

二、实习重点与难点

1. 重点。石蜡切片的制作过程。

2. 难点。石蜡切片的染色控制。

三、实习材料和器材

解剖刀、解剖剪、外科手术刀、实验动物、固定液、脱水液、透明液、载玻片、盖玻片、生物切片用石蜡、轮式切片机、毛笔、切片架、包埋框、酒精灯、恒温箱、恒温水浴锅、染色缸、染色液、光学树胶等。

四、原理和操作步骤

石蜡切片技术是研究组织学、胚胎学和病理学等学科最基本的方法。制备步骤是：从动物体取下小块组织，经固定、脱水、浸蜡、包埋和切片等处理，把要观察的组织或器官切成薄片，再经不同的染色方法，以显示组织的不同成分和细胞的形态，达到既易于观察、鉴别，又便于保存，所以是教学和科研常用的方法。

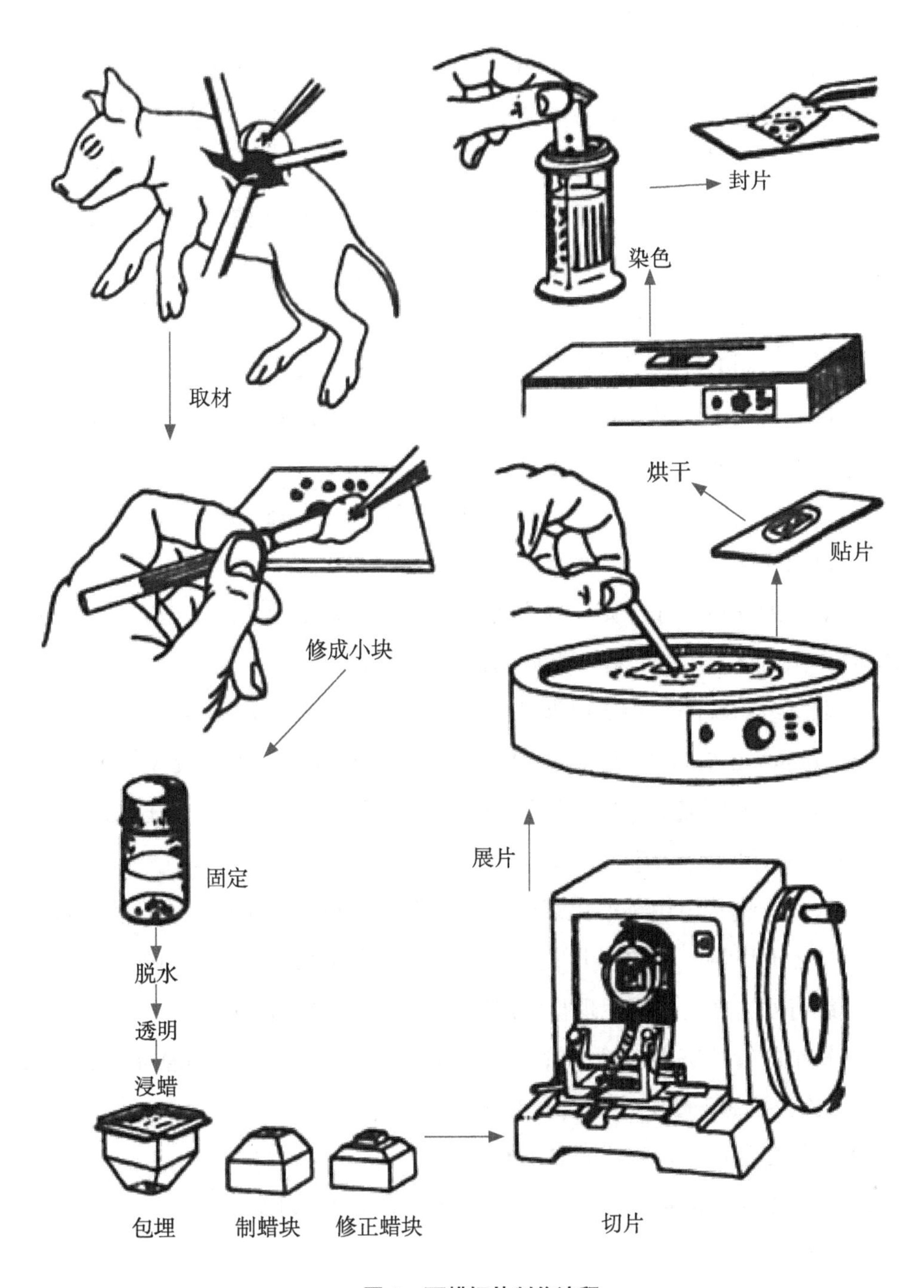

图 1　石蜡切片制作流程

（一）取材

取材应根据需要选定动物及取材部位，做好计划和准备工作。处死动物的方法有断颈、放血、空气栓塞、麻醉、窒息等多种。无论采用何种方法处死动物，都应遵循动物福利，尽量避免动物长时间陷于痛苦和濒死状态，甚至人为引起病变的假象。取材一定要迅速，应在动物处死后立即进行解剖和切取组织材料，否则会引起细胞发生死后变化（如组织自溶及腐败现象等），进而失去原有的组织学结构，如果进行酶组化染色，将会使大量的酶失活和丢失。

取材方法和注意事项如下。

（1）组织材料必须取自健康的动物，捕杀后采取的速度要快，防止组织发生变化。取材用的刀剪必须锋利，切取组织块时，动作要轻，切忌用力牵引或夹持，以免组织内部结构发生变化。

（2）根据实验要求选择不同的取材方法（整体取出脏器法、单个脏器取出法和切取组织块法等）。

（3）取材的先后顺序原则。根据死后组织结构改变的速度快慢而定。先腹腔后胸腔，先消化管后肝、脾等多血的器官及神经组织。

（4）取材组织块的大小既要保证组织的完整性，又要力求小而薄，一般以 1.0cm × 1.0cm × 0.5cm 为好，柔软组织不易切成小块，可先取较大的组织块，固定数小时后再分割成小块组织继续固定。较小的组织或器官（淋巴结、松果体、脑垂体和神经节等）应整体固定。

（5）管状及囊状组织（消化管的取材）都不应斜切，先将一段肠管或食管剪下，从中剪开管腔，使之呈片状，然后将其铺在纸板上。黏膜面朝上，用大头针或细线将四边固定，用生理盐水漂洗黏膜表面，然后固定。

（6）较细的管状脏器（输尿管、输精管、输卵管、中动脉和静脉等）应取下 1~2cm 长，平铺于硬纸片上或吸水纸上分段固定。

（7）取材要尽量注意脏器的完整性。

（8）应根据所要观察的部位及实验目的选择组织的切面。

（二）固定

应用化学试剂使组织或细胞中的无机成分和有机成分凝固或沉淀，以保持其生活状态的过程称为固定。用于固定的试剂称为固定剂。

1. 目的。

（1）防止组织溶解及腐败，以保持组织和细胞与正常生活时的形态相似。

（2）使细胞内蛋白质、脂肪、糖、酶等各种成分转变为不溶性物质，以保持它原有的结构与生活时相仿。

（3）组织细胞内的不同物质经固定后可以产生不同的折光率，对染料也产生不同的亲和力，造成光学上的差异，使得在生活情况下原来看不清楚的结构变得清晰起来，并使得细胞各部分容易着色，有利于区别不同的组织成分。

（4）固定剂的硬化作用，增加组织硬度，便于制片。

2. 注意事项。

（1）固定液及被固定的组织必须新鲜。

（2）固定液的用量一般为组织体积的 30~50 倍，容器不要过小，材料也不要太多；应避免组织紧贴瓶底或瓶壁，以免影响固定液的渗入，必要的时候可以在瓶底垫上一层棉花。

（3）固定时间视组织块的种类、性质、大小，固定液的种类、性质、渗透力的强弱，固定时温度的高低，实验目的等而定。

（4）防止被固定的组织因固定剂的作用而发生变形。

（5）固定所用的固定液，以新配的为好，放置过久会失效。

（6）如果使用玻璃瓶固定，在固定期间需要摇动组织或摇动容器有利于固定液的渗入，对长期固定的标本，可经常更换固定液；我们使用生物组织旋转装置进行固定，不但无须摇晃，而且组织块分类清楚、固定透彻。

（7）取材固定应同时做好记录，包括组织名称、固定液和时间等内容。

3. 固定剂。

固定剂对组织有硬化、收缩或膨胀的作用。铬酸、氯化汞、苦味酸、丙酮、乙醇等固定剂，硬化作用较强且可造成组织收缩；酸化或碱化后的固定剂对组织均有膨胀作用。无水乙醇能固定糖原却溶解脂肪；甲醛能固定多种组织成分，但可溶解糖原和色素。各种固定剂对蛋白质、脂肪、类脂、糖等作用各不相同，单一固定剂不能固定所有成分，必要时可根据要求选择合适的混合固定剂。因此，在取材前就应根据研究目的选好固定剂。

（1）10% 甲醛。甲醛水溶液的最大浓度为 36% ~40%，商品名称为福尔马林。组织学中通常将甲醛溶液的浓度当作 100%。如配制 10% 的甲醛溶液，是取甲醛溶液 10mL，加水 90mL，其中的甲醛含量实际为 3.6%~4%。

甲醛对组织渗透性强，固定均匀。对组织膨胀约 5%，经酒精脱水时有较大的收缩。对于一般组织的固定可用中性甲醛。较简单的方法为加入适量的碳酸镁，使其 pH 值为 7.6，或加入适量的碳酸钙，使其 pH 值为 6.5，也可配制 10% 的甲醛磷酸盐缓冲液，该溶液渗透力强，固定均匀，可使蛋白质凝固，并能保存脂肪及类脂。经甲醛固定的标本，根据染色的需要，还可转入其他固定剂继续固定。

经甲醛固定的组织能保存脂肪，不能沉淀核蛋白及白蛋白，长期用其固定会使组织变为酸性，不利于染色，特别是细胞核的着色。对于已经在甲醛溶液中长期固定的组织可用流水冲洗的方法降低其酸性，改善着色效果。甲醛为还原剂，不能与铬酸、重铬酸钾、四氧化锇等氧化剂混用，在特殊情况下混用不得超过 24h。

（2）饱和的苦味酸溶液。能沉淀一切蛋白质，渗透力弱，对组织收缩大，故一般不能单独使用。

（3）乙酸。渗透力强，沉淀核蛋白，对染色质固定好，使组织膨胀，故一般不单独使用。乙酸因在室温 17℃以下便结成冰状结晶，又称冰醋酸。如乙酸呈结晶状，应加热至冰晶液化后再用。

（4）Bouin 氏固定液。为常用的良好的固定剂，穿透速度快，组织收缩性较小，固定均匀，固定后组织有适当的硬度，对于切片和染色均有良好的效果。一般固定 24h，固定后入 70% 酒精洗去苦味酸的黄色，在脱水时经各浓度酒精也可洗去黄色，在酒精中加入氨水 1 滴或少许碳酸钾饱和水溶液，可加快洗去苦味酸的黄色，即使留有少量苦味酸的黄色，对一般染色体并无影响。

（5）四氧化锇，又名锇酸。穿透力弱，固定组织不均匀，时间过久，又会因过度氧化而损伤组织。锇酸可使蛋白质呈凝胶状态，对组织收缩作用小。锇酸是脂肪和类脂的优良固定剂，固定后的脂肪、类脂呈黑色。这是由于组织中的不饱和脂肪酸将锇酸还原成氢氧化锇而形成黑色沉淀。目前，锇酸是制备电镜样本常用的固定剂。

（6）三氯乙酸。可使蛋白质沉淀，对染色质固定很好，与乙酸的作用相似。

三氯乙酸与其他固定剂配合使用，可加快固定剂对组织的穿透速度，同时减少对组织的硬化。含三氯乙酸的 Susa 固定剂是一种固定速度快且效果较好的固定剂。

（三）修组织块与冲洗

生鲜组织柔软，不易切成规整的块状。组织固定后因蛋白质凝固产生一定硬度，即可用单面刀片把组织块修整成所需要的大小。

冲洗的目的在于把组织内的固定液除去，否则残留的固定液会妨碍染色，或产生沉淀，影响观察。用含氯化汞、铬酸、重铬酸钾和锇酸等的固定剂固定的组织块必须充分水洗。应用中性甲醛、Bouin 氏固定液固定时，不进行水洗，直接进入脱水阶段。

流水冲洗法是最常采用的水洗方法。单瓶流水冲洗法具体方法如下：将组织块放入广口瓶内，用纱布盖上瓶口并用细棉线或橡皮筋扎紧瓶颈。取一玻管直插瓶底，玻管另一端接橡皮管后与自来水相通，使水从瓶底流经瓶内自瓶口缓慢溢出，水流控制在使瓶底的组织块微微摆动即可。冲洗的时间与固定的时间成正比。各实验室可根据具体条件和需求设计各种流水冲洗法，如串列式玻瓶冲洗法、水槽冲洗法、倒置冲洗法等。

（四）脱水

组织经固定和水洗后含有大量的水分，但石蜡为非水溶性物质，因此在石蜡包埋前，必须除去组织中的水分，这一过程称为脱水。用于脱水的试剂称为脱水剂。

1. 目的。

组织内的水不能和支持剂混合，所以必须把组织中的水分彻底脱除。脱水有利于组织的透明和浸蜡，有利于组织的永久保存。

2. 脱水剂。

（1）乙醇：可作固定剂，也可作脱水剂，但乙醇与水混合时有较剧烈的物理反应。高浓度的酒精对组织有强烈收缩及脆化的缺点，因此采用乙醇脱水时，应从低浓度梯度上升至高浓度，逐渐取代组织中水分，以保证组织脱水彻底，并避免组织过度收缩和硬化。成体组织常从 60% 或 70% 乙醇过渡到无水乙醇，胚胎组织因含水量较高一般从 30% 或 40% 乙醇开始。

（2）丙酮：脱水能力比酒精强，但对组织的收缩较大，在组织学制片中较少使用，多用于病理快速切片，或用于某些组化水解酶的固定。

（3）正丁醇：是较好的脱水兼透明剂，可与酒精及石蜡互溶。脱水时可先经过各浓度梯度的乙醇－正丁醇混合液，最后使用正丁醇；石蜡包埋时，可先将组织浸入正丁醇－石蜡（1 ∶ 1）混合液。然后浸蜡包埋。正丁醇用作脱水剂的优点是很少改变组织的收缩和硬度，可替代二甲苯，但由于价格昂贵，不常使用。

3. 操作步骤（乙醇脱水）。

脱水常用的各级酒精是50%、60%、75%、85%、95%和无水酒精。在各级酒精内存留时间为：冲洗组织50%酒精（2~3h）→60%酒精（2~3h）→75%酒精（2~3h或过夜）→85%酒精（2~3h）→95%酒精（1h）→100%酒精（40min）。

4. 注意事项。

（1）脱水过程要逐级上升，不能操之过急，跳级脱水会引起组织块强烈收缩变形。

（2）脱水的时间应根据组织块的大小和组织的类型而定。

（3）组织块在高浓度，特别是无水乙醇内放置的时间不能太长。无水乙醇吸水能力强，容易造成组织块的过度硬化，使得切片时组织易碎裂。

（4）在脱水的过程中可以将组织块停留在75%的酒精中过夜或较长时间放置。

（5）每次更换新的脱水剂时（组织块从低浓度到高浓度），都要把组织块放在吸水纸上吸干，装组织块的容器也要控干水分，以免将水及低浓度脱水剂带入高浓度脱水剂中，影响脱水效果。

（6）脱水剂的选择要根据实验的要求及实验室的条件。

（五）透明

组织经固定、水洗、脱水之后，要制成石蜡切片，必须用石蜡包埋，但乙醇与石蜡不互溶。这时需用一种试剂作为乙醇与石蜡之间的媒浸物，这种媒浸物取代乙醇后常使组织呈透明状态，因而将这种媒浸的过程称为透明。

1. 透明目的。

（1）置换组织内的脱水剂，为下一步的浸蜡起到桥梁作用。

（2）使组织呈现不同程度的透明状态，有利于光线的透过。

2. 透明剂。

（1）二甲苯：是现在应用最广的一种透明剂，价格较便宜，不溶于水，遇水变成乳白色浑浊，因此必须完全脱水后才能使用；易溶于酒精又能溶解石蜡，透明力强；其最大的缺点是容易使组织收缩变硬变脆，所以组织不能在其停留过久，透明时间视组织块的大小、性质而定；有的组织如肌肉、肌腱、软骨、骨、皮肤、头皮及眼球等，不宜用二甲苯透明，因组织过硬不易切片；长时间接触，对黏膜有刺激作用。

（2）苯：性质与二甲苯相似，对组织收缩作用较小，也不易使组织变脆，但透明较慢，透明时间比二甲苯长。

（3）香柏油：透明效果好。香柏油对组织的硬化及收缩程度比其他透明剂都小，但透明的速度较慢，3mm 以下厚度的组织块需 12~36h。香柏油与石蜡不互溶，因此经香柏油透明以后，可经过二甲苯短时间媒浸，再进行石蜡包埋。肌肉、皮肤、血管、膀胱、垂体及肾上腺等用香柏油透明效果较好。

3. 操作步骤。

二甲苯对组织有较强的收缩作用，所以在透明时先用 1 ∶ 1 的二甲苯无水酒精透明约 30min，然后再用二甲苯透明约 30min，透明的时间不宜过长，一般情况下，整个透明过程有 1h 即可。

4. 注意事项。

（1）时间不宜过长，否则组织会变脆。

（2）组织块脱水必须彻底。

（六）浸蜡与包埋

1. 目的。

除去组织中的透明剂（如二甲苯等）而代之以石蜡，石蜡渗入组织内部后把软组织变为适当硬度的石蜡块，以便切成薄片。

2. 操作步骤。

浸蜡和包埋所用的石蜡可分为软蜡和硬蜡。熔点为 45~54℃的石蜡为软蜡，熔点为 56~58℃或 60~62℃的石蜡称为硬蜡。

（1）蜡的准备：先将市售石蜡（冬季石蜡熔点为 52~54℃，或 54~56℃，夏季石蜡熔点为 56~58℃）添加适量蜂蜡在 80℃温箱内反复熔凝变成熟蜡（石蜡颜色由白色变为黄色），并有一定的黏韧性。组织浸蜡时先经软蜡 0.5~1.5h，再入硬蜡（56~58℃）0.5~1.5h。浸蜡的全过程在 60℃的恒温箱中进行。浸蜡的温度和时间十分关键，温度过高或浸蜡时间过长，组织收缩程度较大且组织发脆。浸蜡后的组织用硬蜡（60~62℃）包埋。

（2）准备包埋框：可以用金属的，也可以用硬纸折叠。

（3）准备好无齿尖镊子，需作标记应先写好标签。

（4）在金属框中倒入硬蜡，然后用无齿镊子取组织块放入石蜡中，放置好切面（切面朝下）和组织块间的距离，可室温下冷却。

（5）包埋框或纸盒内的蜡逐渐凝结，若表面已凝结形成一层固体状，即可放置冷台，加速其凝固。

（6）待蜡块完全凝固以后，便可拆卸包埋框架，或拆开纸盒，取出蜡块。

3. 注意事项。

（1）包埋时夹取组织的镊子，用酒精灯随时烧热，以免石蜡凝结后黏附在镊子上，造成蜡块凝固不均匀。

（2）包埋操作要迅速，组织从浸锅中取出置入包埋框中的时间应尽量缩短（切忌组织块暴露于空气中时间过长，否则组织表面的蜡凝固而影响切片）。

（3）包埋后的蜡块应呈均质半透明状，如果在组织周围出现白色浑浊，表明浸蜡或包埋不佳。可能的原因：脱水不彻底；浸蜡不彻底；包埋蜡温度低，包埋时蜡已凝结；石蜡不纯。

（4）包埋箱中的温度必须保持恒定。

（5）如包埋得不好，可将蜡块溶化，重新浸蜡和包埋。

（6）较小的组织可在脱水透明时开始用伊红染色。

（七）切片

1. 修整蜡块。

把包有组织的蜡块，用单面刀片修成以组织块为中心、组织块边距为 2mm、高 3~5mm 的正方形或长方形蜡块，蜡块相对的两个边要平行。

2. 切片机的调试。

使用前应了解切片机各主要部件的性能，掌握切片机的调试方法，以便随时调试和排除故障。新切片机使用前，应先用二甲苯擦洗机件的防锈油脂，然后在每个滑动或滚动面上滴加润滑油（如钟表油或石蜡油）以减少摩擦。轮转式切片机用手快速摇动轮柄，突然撒手后，轮仍能转两周左右，即是合用。若手摇时感觉费力或松动则需调试。

切片机的刻度指示盘上显示了切片厚度的范围，如 0~50μm，切片的厚度是可调的，切片时按照需求调至合适的刻度即可。在切片之前，应首先核对指示刻度与实际切片的厚度是否吻合，具体方法为：分别将切片厚度调至 0 和 1μm，各按照正常切片方法切片。正常情况下，0 位时切片刀与蜡块不会接触，而 1μm 时切片刀可将蜡块切下一薄片。如果 0 位时即可切出切片或 1μm 时切片刀仍不能接触蜡块，均应对切片厚度指示盘进行复位调整。

如果切片机在切较小的蜡块时，切片厚度与切片机指示刻度一致，而蜡块稍大或组织稍硬时，则出现切片厚薄不一致的现象，则说明切片机的稳定性差，严重时甚至可出现几微米的误差。这种情况下通常需检查相关部件的螺丝有无松动现象，如有松动拧紧即可。

3. 操作步骤。

（1）固定蜡块。将组织蜡块固定到切片机的组织块固定夹上，使组织块的宽面做上、下面，且上、下面均呈水平。调整固定夹上的变向螺丝，使切面平行于切片刀面。

（2）固定切片刀。将切片刀的一端固定在刀架上，以便切片过程中能依次移动刀位，充分利用整个锋利的刀刃。调节刀刃磨面与组织切面之间的夹角，通常为 5°~15°。夹角大小是否合适可通过试切来判断。夹角过小易引起刀刃振动，造成切片呈波形厚薄不匀；夹角过大切片易卷曲。

（3）移动刀架。通常切片机的刀架均可作前、后、左、右方向的水平移动。移动刀架使刀刃靠近组织切面，但不得使刀刃与组织切面相接触。

（4）调节厚度。切片的厚度通常为 4~6μm，试切时可调节切片厚度，尽量切出薄而平整的切片。

（5）手轮的使用。切片机上的手轮装有固定装置，转动前应先打开固定锁，使蜡块慢慢接近刀刃。当蜡块与切片刀接近时，应仔细观察切面是否对好，距离是否合适，要避免第一片切得过厚。停止切片时，要及时固定手轮，确保安全。

（6）切出蜡带。每转动一次手轮就可切出一张切片，若连续转动则可切出连续呈带状的蜡带。用毛笔将蜡带托起，随切片速度向前移动，可保持蜡带连续不断。至合适的长度时，将蜡带断开，光面向下，平放在装蜡带的盒内。收藏时注意防风防尘。

（八）展片、贴片和烤片

把从切片机上取下的蜡带，用单面刀片在两蜡片间分开。

1. 操作步骤。

（1）直接展片法：在载玻片上滴加几滴蒸馏水，然后把切片铺在蒸馏水上，用酒精灯在载玻片下面加热，待完全展平，倾斜载玻片，倒弃多余水分，同时摆正切片。

（2）温水漂浮法：此法用展片机或者用恒温水浴锅，先使水温保持在40℃，用左手拿毛笔轻轻托起切片，用右手用眼科镊子夹起切片的一角，正面向上轻轻平铺放置于展片机或恒温水浴锅的水面上，动作要轻快，切好的石蜡切片漂浮在温水中，受热后及在表面张力的作用下会自然平整地展开，必要时可用眼科镊轻轻拔开，然后捞片，并及时编号。

（3）展好的切片在室温下稍微干燥后，放在50℃恒温烤箱中，小片组织30min即可，大的需12~24h，烤干备用。

2. 注意事项。

（1）切片刀刃倾斜过大或过小都不能正常进行切片。传统的切片刀在使用之前，一定要在显微镜下检查刀口的损伤程度，然后进行磨刀。现在多使用一次性刀片。

（2）修整蜡块时要细心，看清楚组织在蜡块中的位置，以免将需要的组织修掉。

（3）连续转动切片机的转轮时，速度一定要均匀，不能时快时慢，以免切片厚薄不一。

（4）使用轮转式切片机切片时，是由下向上切，为得到完整的切片，防止组织出现刀纹裂缝，应将组织硬、脆难切的部分放在上端，如皮肤应将表皮部分向上，肠胃等组织应将浆膜面朝上。

（5）用展片器展片时，水温应根据使用的石蜡熔点进行调整，一般低于石蜡熔点 10~15℃；捞片时动作要轻、稍快。动作太大容易出现气泡。如果没有展片器可以用恒温水浴锅来代替。

（6）单个切片要摆到载玻片的 1/3 与 2/3 交界处；连续切片的粘片顺序一般是从左到右，组织切片较小时，可以并列粘贴 2~3 条蜡带。

（7）烤片的温度不宜过高；烤片的时间要合适。脑组织要待稍微晾干一些后，才能烤片，否则容易产生气泡影响染色和观察。

（九）HE 染色

1. 操作步骤。

（1）脱蜡。展好的切片因有石蜡，不能进行染色，必须先脱去石蜡，用二甲苯脱蜡。烤干的切片放入二甲苯Ⅰ和二甲苯Ⅱ各 10min。

（2）水洗。

①切片从二甲苯中取出，移入 1∶1 的二甲苯无水酒精溶液 2min。

②移入无水酒精，2min。

③移入 95%、85%、70%、50% 的酒精中，每级酒精中停留 2min。

④移入蒸馏水 2min。

（3）染色。

①苏木素染色液染细胞核 5~10min。

②自来水冲洗 10min。

③移入 0.25% 盐酸中“分色”20s，去除多余的染液。

④移入蒸馏水冲洗 10~15min，然后入自来水中“显色、蓝化”，镜检，细胞核呈清朗的蓝色，非常明显，所以叫“蓝化”处理。

⑤移入蒸馏水洗 1min。

⑥依次移入 50%、70%、85% 酒精中逐级脱水。

⑦移入 0.25% 伊红 5min，使细胞质和其他间质成分染成浅桃红色。

⑧切片经过 70%、85%、95% 酒精及无水酒精。

⑨1∶1 二甲苯无水酒精溶液和二甲苯中透明，各 4min。

（4）封片。

透明好的切片在通风处晾 5min，使二甲苯Ⅱ基本挥发后，逐个取出载玻片，分辨出正面（有组织一面）和底面，然后向组织切片上滴加 1~2 滴树胶（封片剂）。用镊子夹取一干净盖玻片，倾斜地盖在树胶上即可（注意防止气泡侵入组织内）。然后平放于木盒内，烘干或自然干燥均可。

2. 注意事项。

（1）染色之前一定要了解清楚所用的染色液的配制方法，不同的染色液染色后的处理是不一样的。

（2）染色过程中所用的时间要根据染色时的室内温度、染液的新鲜程度及实验室的实际情况等灵活掌握。

（3）伊红有水溶和醇溶两种，如果用的是水溶的，应该在脱水前进行染色，如果是醇溶的，应使用与溶解伊红等浓度的酒精开始脱水。

（4）在二甲苯脱蜡之前可以先在 60℃烤箱内 0.5~1h，这样可以使切片黏附更牢固不易脱片，也有利于脱蜡。

（5）二甲苯在 HE 染色中有脱蜡、透明的作用。二甲苯脱蜡的好坏，主要取决于切片在二甲苯内放置的时间和脱蜡时的温度以及二甲苯的使用次数。染好的切片必须经过透明，有利于显微镜观察，同时并为封片起到桥梁作用。

（6）用梯度酒精脱水时，在低浓度酒精中时间不宜过长，到高浓度时逐步延长脱水时间，以免脱水不彻底，影响二甲苯透明的效果。

（7）在酸性分化液内停留的时间不要过长，分化不可过度，避免使细胞核内该染上色的结构脱色。不需分化处理的苏木精染色时要注意掌握染色时间，以防止组织切片染色背景过深或细胞核、细胞质染色不足。

（8）在制作好的切片标本中，经常可见皱褶、染料沉积、刀痕、裂隙、气泡、收缩等现象，它们是在切片制作过程中发生的，统称为人为现象。我们在制作切片标本时，要尽可能克服这些现象的出现。

实习三　冰冻切片的制作

一、实习目的与要求

1. 掌握动物组织冰冻切片的制作原理及制作流程。
2. 掌握冰冻切片机的基本操作。

二、实习重点与难点

1. 重点：冰冻切片的制作过程。
2. 难点：使用冰冻切片机切片。

三、实习器材

解剖刀、解剖剪、外科手术刀、实验动物、固定液、载玻片、盖玻片、冰冻切片机等。

四、原理和操作步骤

冰冻切片过程比较简单，组织无须经过脱水、透明，组织中的水分就起着包埋剂的作用。与石蜡切片相比，冰冻切片省略了许多化学试剂的处理和加温过程，因此组织收缩小，更接近生活状态，且可使组织中的某些不耐热成分如脂类、酶、抗体等得以保存。所以，冰冻切片在组织化学、免疫组织化学、快速临床诊断等领域被广泛应用。冰冻切片的局限性在于体积过大的组织不易冰冻，不易切出连续切片，不易切出 5 μ m 以下的薄切片。因此，在制作切片时应根据实际需要选用适当的切片方法。

制作冰冻切片使用冰冻切片机。冰冻切片机采用电能制冷。低温恒冷切片机使用较方便，但价格较高，如无条件使用，也可用冷冻石蜡两用切片机，在制作冰冻切片时采用半导体制冷器制冷。

1. 切片。

将冰冻切片机冷冻室预冷至合适的温度（约 -20℃）。

将要切的组织修切成长宽约 1cm，厚 3~4mm 的小块，组织块太大不易冷冻均匀。

在冷冻台上滴加少量冷冻包埋剂，迅速将组织块放置在冷冻台上，随后在组织块周围滴加包埋剂使其完全冷冻于包埋剂中。待组织块彻底冷冻后即可开始切片。切片过程中如冷冻温度不合适，要随时调整。

特别注意冰冻切片的组织不得含有乙醇。因为乙醇的冰点很低，含有乙醇的组织不能牢固地冻结在冷冻台上。

冰东切片机通常为轮转式，切片时转动速度要缓慢而均匀。若切片温度过低，组织破碎不易切片，可适当调高温度或用手指稍按组织块略行加温之后再切。

2. 贴片。

每切一片用毛笔轻轻从切片刀上取下，可直接将平整的冰冻切片贴附在经多聚赖氨酸预处理的载玻片上。如室温较高，可将载玻片放在冰块上预冷，以防止切片一接触载玻片即溶化而不易展平。还可采用捞片法贴片，即先将冰冻切片放在盛有生理盐水或 10% 蔗糖水溶液的广口器皿内，用细玻棒或小毛笔将冰冻切片缓缓引至载玻片上，手执载玻片迅速旋出水面，切片即贴附于载玻片上。

3. 染色。

冰冻切片的染色方法有两种：一种是贴片染色，即将贴附好的切片自然风干或用冷风机吹干或放入 37℃干燥箱 10~15min 烘干后进行染色；另一种是游离片染色，即先不贴片，直接用细玻棒或小毛笔作传递染色。这种方法适用于较厚切片，特别是肝、肾、脑等结缔组织较少的器官组织。

附录Ⅰ　实验室常用器皿的洗涤和常见药品的配制

一、玻璃器皿的清洗

（一）染色缸、标本瓶的清洗

洗涤液的配制：重铬酸钾（粗制）300g+ 蒸馏水 3 000mL+ 浓硫酸 300g。

将重铬酸钾溶于热水中，用玻棒充分搅拌使重铬酸钾全部溶化，冷却后，慢慢加入硫酸（注：加酸时能产生高热，所以应徐徐加入，一面加酸，一面用玻棒搅拌，在搅拌时须注意勿溅到自己，以免身体受灼伤，衣服烧坏）。

清洗过程：用洗衣粉加水煮 30min →洗洁精浸泡 30min →自来水冲净→蒸馏水过洗→ 100% 乙醇浸泡 1d。

洗不净的：将洗涤液倒入缸内→浸泡 3~5d →倒出洗涤液（此液还可利用）→自来水冲洗→蒸馏水过洗→ 100% 乙醇浸泡 1d。

注：用于金银染色或组织化学染色的玻皿须洗彻底，洗涤液浸泡半天或 1 天→用竹筷取出→自来水冲洗数小时至半天→蒸馏水过洗 3~5 次→ 100% 乙醇浸泡 3d。

盛高浓度酒精（100%）和二甲苯的染色缸须入烘箱烤干后使用，缸盖内缘必须涂凡士林，以防蒸发和水分被吸入影响浓度。

（二）载玻片、盖玻片清洗

1. 煮沸洗涤法。

新玻片：加入适量 1% 的洗衣粉水溶液没过玻片→煮沸 15~20min →冷却→自来水充分洗涤→白棉布擦干→贮藏备用。

旧玻片：加入适量 1% 的洗衣粉水溶液没过玻片→煮沸 30~40min（至树胶烧软）(→可浸入废二甲苯中洗去残留树胶→放入 100% 酒精，用干净绸布擦干）→用毛刷刷洗残留物（钙化变白的片子弃之）→流水冲洗→白棉布擦干→

贮藏备用。

2. 洗液浸泡法。

要求清洁严格的玻片常用此法。一片片投入洗液中，保证玻片两面接触液体→浸泡 1~2h →流水冲洗→擦干→贮藏备用。

注：擦玻片时手夹玻片两端边缘，手指不能与玻片表面接触，以免污染玻片。

二、常见药品的配制

（一）复合固定液的配制

1.Bouin 氏固定液。为常用的良好的固定剂，穿透速度快，组织收缩性较小，固定均匀，固定后组织有适当的硬度，对于切片和染色均有良好的效果。其配方如下：苦味酸饱和水溶液 75mL+ 福尔马林 25mL+ 冰醋酸 5mL。

2. 10% 的甲醛溶液。对组织渗透性强，固定均匀。对组织膨胀约 5%，经酒精脱水时有较大的收缩。能保存脂肪，不能沉淀核蛋白及白蛋白，长期用其固定使组织变为酸性。不利于染色，特别是细胞核的着色。

甲醛溶于水后即为甲醛水溶液，其最高饱和度为 36%~40%。甲醛水溶液的商品名称为福尔马林。组织学中通常将甲醛溶液的浓度当作 100%。配制 10% 的甲醛溶液时，用量筒量取甲醛溶液 10mL，加蒸馏水 90mL，其中甲醛实际含量为 3.6%~4%。

3.Zenker 固定液。Zenker 固定液是组织学常用的固定液，固定后的组织细胞质和细胞核的着色均较好且稳定。固定时间一般为 12~24h，经其固定的组织需用流水冲洗并在后续的脱水过程中除去汞盐沉淀。Zenker 固定液配方如下：氯化汞 5.0g+ 重铬酸钾 2.5g+ 蒸馏水 100mL+ 乙酸（使用前加入）5mL。配制时将氯化汞、重铬酸钾分别用蒸馏水加热溶解，混合，自然冷却后过滤制成储备液。使用前加入乙酸。

4.Helly 固定液。Helly 固定液对染色质的固定效果很好，可用于一般组织的固定，固定效果不亚于锇酸，其最大的优点是产生人工假象少，被固定的组织接近生活状态，多用于骨髓、肝、脾、淋巴结等组织的固定。其配方为：氯化汞 5.0g+ 重铬酸钾 2.5g+ 蒸馏水 100mL+ 甲醛溶液（使用前加入）5mL。

5.Heidenhain Susa 固定液。Susa 固定液的固定速度快，组织收缩较小，适合固定各种组织。制备的组织样本适用于各种染色方法。其配方如下：氯化汞4.5g+氯化钠0.5g+三氯乙酸2.0g+蒸馏水80mL+乙酸（使用前加入）4mL+甲醛溶液（使用前加入）20mL。配制时现将氯化汞、氯化钠、三氯乙酸溶解于蒸馏水中，制备成Susa固定液的储备液，使用前加入乙酸和甲醛溶液。

6.Rageud固定液。Rageud固定液是显示嗜铬细胞的优良固定液。为增强固定效果，可在固定2~3天后，再以3%重铬酸钾铬化3~5天。固定液和重铬酸钾溶液需每天更换。固定后的组织需充分水洗。其配方为：3%重铬酸钾40mL+甲醛溶液（使用前加入）10mL。

（二）脱水剂的配制

组织学中最常用的脱水剂乙醇，因高浓度的酒精对组织有强烈收缩及脆化的缺点，因此用乙醇脱水不能直接入纯酒精中脱水，而必须经过由低到高的一系列梯度浓度的酒精，逐渐取代组织中水分，以保证组织脱水彻底，并避免组织过度收缩和硬化。配制梯度浓度酒精时，常用95%的工业用乙醇稀释而成。稀释方法为：稀释浓度为多少，就量取95%的酒精多少mL，再加蒸馏水至95mL即可。例如，配制50%的酒精，就量取50mL 95%的酒精，再加45mL的蒸馏水即可。

（三）染色液的配制

1.苏木素染液的配制。苏木素染液的配制方法较多，目前常用的几种苏木素染液的配制方法如下。

（1）Ehrlich酸性苏木素：苏木素2g+硫酸铝钾3g+95%乙醇100mL+乙酸10mL+甘油100mL+蒸馏水100mL。先将苏木素用95%乙醇溶解于广口瓶中，待完全溶解后加入蒸馏水、甘油、硫酸铝钾、乙酸充分混匀，此时混合液呈酒红色。用纱布封住瓶口，置于光线充足处自然成熟3~4个月，成熟的染液呈紫红色。此染液能长期保存达数年以上。

（2）Delafield苏木素：苏木素4g+硫酸铝铵40g+无水乙醇25L+甲醇100mL+甘油100mL+蒸馏水400mL。先将苏木素溶于无水乙醇，硫酸铝铵用蒸馏水加热（45~55℃）溶解。将两液混合，置于光线充足处1周后过滤。加入甘油和甲醇，使其自然成熟1~2个月，成熟时染液呈黑紫色。染色时用蒸馏水稀释50~100倍，染色4~24h，自来水充分冲洗。

（3）Harris 苏木素：苏木素 1g+ 硫酸铝钾 20g+ 氯化汞 0.6g+ 无水乙醇 10mL+ 乙酸 8mL+ 蒸馏水 200mL。将苏木素溶于无水乙醇，硫酸铝钾用蒸馏水加热溶解。将两液混合后继续加热至沸腾。向煮沸的混合液中加入氯化汞，为防止产生的大量气体从容器中喷出，此时停止加热，且配制染色液的容器应尽量大些。用玻璃棒搅拌染液，加速氧化，冷却后染液呈深紫色。2d 后过滤，加入乙酸即可使用。

（4）P.Mayer 酸性苏木素：苏木素 0.5g+ 硫酸铝钾 25g+ 碘酸钠 0.1g+ 柠檬酸 0.5g+ 水合三氯乙醛 25g+ 蒸馏水 500mL。苏木素、硫酸铝钾、碘酸钠用蒸馏水加热溶解，此时溶液呈蓝紫色，再加柠檬酸、水合三氯乙醛，此时溶液呈紫红色。切片染色需 4~6min，流水充分洗涤后细胞核呈鲜蓝色。此液不宜长期保存，至多可保存数月。

2. 伊红染液的配制。将 0.5g 伊红溶于 3mL 蒸馏水中，再逐滴加入冰醋酸（边加边搅拌），使之产生沉淀，至液体呈浆糊状；再加蒸馏水 3~5mL，搅匀后再滴加冰醋酸，至不见沉淀增加；过滤，将沉淀连同滤纸放在 60℃温箱中烘干，待伊红干燥后，加入 95% 酒精 100mL 即成。

3. 瑞氏染液的配制。瑞氏染色粉 0.1g，甲醇 60mL。由于瑞氏染色粉不易溶于甲醇，通常将染色粉放入洁净的乳钵内，先加入少量甲醇，研磨成糊状后再加入剩余甲醇，使之充分溶解，然后装入密闭的棕色瓶内，自然成熟数月后才可使用。如成熟度不够，会影响染色效果。通常 1 年以上效果最佳，并可保存十几年。

4. 瑞氏 - 吉姆萨染液的配制。吉姆萨染色粉 0.25g，甘油 50mL，甲醇 50mL。配制方法、熟化及保存与瑞氏染液相同。

5. 吉姆萨染液的配制。吉姆萨染色粉 0.25g，甘油 50mL，甲醇 50mL。将吉姆萨染色粉与甘油、甲醇混合，并在装染色液的容器内放入几十粒洁净玻璃球，时常摇动，约经数天便可充分溶解。此液称为原液或干液，使用前用蒸馏水或 PBS（1/15mol/L，pH 值为 6.8）稀释 50 倍。

附录Ⅱ　显微镜的构造及使用方法

一、显微镜的一般构造

1. 光学部分。

物镜：装在物镜转换器上，成像中起重要作用，一般常用的物镜为 4×、10×、40× 和 100×（油镜）。

目镜：装在镜筒上端，将物镜中放大实像再放大一次，并将物像映入观察者眼中，常用的放大倍数有 10×、16× 和 20× 等。

集光器：包括聚光镜和光圈两部分。装于载物台下方。聚光镜的一侧有调节轮，可以升降，可按需要调节亮度。光圈可开大或缩小，以调节进入镜头的光线，适当大小的光圈可使物像更加清晰。

2. 机械部分。

镜座：为显微镜基部，用以固定镜身。

载物台：放置标本的平台，其中央有一通光孔，两旁有夹片夹和标本推进器。在推进器的纵、横坐标上分别标有刻度，便于确定某一结构的方位。

物镜转换器：位于镜筒下方，在转换不同倍数的物镜时使用。

粗调节轮：旋转时，载物台升降距离较大。

微调节轮：调节幅度小。旋转一周，可使镜头升或降 0.1mm。

镜臂：供握持显微镜用。

二、显微镜的使用方法

1. 取镜安放。

取镜：右手握住镜臂，左手平托镜座，保持镜体直立（严禁单手提显微镜行走）。

安放：放置桌边时动作要轻。一般应在身体的前面，略偏左，镜筒向前，镜臂向后，距桌边 7~10 cm处，以便观察和防止掉落。

2. 观察标本。

打开电源开关，夹入切片，按低倍镜→中倍镜→高倍镜的顺序认真观察。

（1）低倍镜使用方法。

①将切片标本置于载物台上，使切片内的标本对准载物台中央小孔。

②旋转粗调节轮，以便能在目镜中观察到模糊的图像。

③旋转细调节轮，直至能观察到清晰的图像为止。

（2）高倍镜使用方法。

①依前法先用低倍镜将焦点调准，使物像清晰。

②将欲检切片的某一部分移至低倍镜视野中央。

③直接调转高倍物镜，稍将细调节轮上下旋动，至显出清晰的物像为止。

（3）油镜使用方法。

①用油镜前，先将集光器上升到顶，光圈放大，使亮度达到最强。

②将需要详细观察的部分，移到视野中心，用夹片夹固定。

③在高倍物镜下观察清楚后，将高倍镜移开，滴加一滴香柏油于切片被检部位。

④转换油镜头，使镜头与被检物间充满香柏油，然后转动细调节轮，直到物像清晰为止，此时切勿使用粗调节轮，以免压碎切片，损伤镜头。

⑤用完油镜后，必须将镜头和切片上的香柏油用擦镜纸擦去，并用沾有乙醚－酒精（7 ： 3）的擦镜纸擦拭镜头及切片，以免污染镜头，影响以后观察。

3. 使用后的整理。

（1）关掉电源。

（2）将物镜转至最低倍。

（3）取下切片。

（4）罩上防尘罩。

三、提　示

1. 在开始观察切片标本之前，确保你所使用的显微镜的镜头是清洁的。可用镜头纸或柔软干净的布，如旧但干净的亚麻手绢擦拭镜头。如镜头沾有油或其他物质，可用蘸有少量玻璃清洁剂的镜头纸轻轻地将脏物擦净。擦拭切片时也应该使用柔软的无绒棉布或蘸有玻璃清洁剂的纸。

2. 在开始用显微镜观察前，确保微调节螺旋位于其调节范围的中央位置。如果没有这样做，你将在匆忙的观察中发现微调节螺旋很容易达到它的旋转极限。此时，必须停止观察，立即进行矫正。

3. 在开始用显微镜观察前，观察者必须对器官的大体结构有所了解，然后才能更好地理解器官组织切片的结构。

4. 在将标本放在显微镜上之前，先用肉眼大致观察一下切片标本是一个很好的习惯。这样你可以获得切片标本的大体信息，并很容易把标本移至显微镜光轴中央。

5. 将切片标本放置在载物台上时，要确保盖有盖玻片的一面朝上放置。如果方向颠倒，对切片标本进行高倍物镜观察时，不能清楚聚焦。这是我们在组织学实验室经常会发生的事情。

6. 使用显微镜观察切片时，通常使用低倍物镜，这是一种良好的习惯。低倍物镜通常指 4 × 物镜。该物镜下的视野很大，这使使用者很容易对其所关注的区域进行定位。当确定了想在高倍镜下观察的目标区域后，将目标区移至视野中央，然后将物镜转至高倍，这时被观测物就刚好位于视野中央。

7. 为了从切片中获得更多的信息，应该养成在观察组织切片时不断精确调焦的习惯。

参考文献

陈耀星，2007. 兽医组织学彩色图谱 [M]. 北京 . 中国农业大学出版社 .

陈耀星，2008. 畜禽解剖学 [M].2 版，北京：中国农业大学出版社 .

陈耀星，李福宝，2010. 动物局部解剖学：动物解剖实验实习指导 [M]. 北京：中国农业大学出版社 .

董常生，2009. 家畜解剖学 [M].4 版，北京：中国农业出版社 .

雷治海，2006. 动物解剖学实验教程 [M]. 北京：中国农业大学出版社 .

李剑，2016. 动物解剖学实验指导 [M]. 杭州：浙江大学出版社 .

刘斌，2005. 组织学与胚胎学 [M]. 北京：北京大学医学出版社 .

刘进辉，刘自逵，毛景东，2010. 动物解剖学与组织胚胎学实验与实习指导 [M]. 北京：中国计量出版社 .

刘霞，2013. 组织胚胎学实验教程 [M]. 西安：第四军医大学出版社 .

罗炳泰，1997. 家畜组织学与胚胎学实验指导 [M]. 塔里木大学校内教材 .

马仲华，2002. 家畜解剖学及组织胚胎学 [M].3 版，北京：中国农业出版社 .

马仲华，2013. 家畜解剖学实习图 [M]. 北京：中国农业出版社 .

彭克美，2009. 动物组织学及胚胎学 [M]. 北京：高等教育出版社 .

沈霞芬，卿素珠，2015. 家畜组织学与胚胎学 [M]. 北京：中国农业出版社 .

石长青，2010. 家畜组织学与胚胎学实验实习指导 [M]. 塔里木大学校内教材 .

滕克导，2008. 彩图家畜组织学与胚胎学实验指导 [M]. 北京：中国农业大学出版社 .

杨佩满，2006. 组织学与胚胎学 [M].4 版 . 北京：人民卫生出版社 .

杨银凤，2019. 家畜解剖学及组织胚胎学 [M]. 北京：中国农业出版社 .

张华，2006. 组织学与胚胎学实习指导 [M]. 北京：科学出版社 .